U0258505

见识城邦

更新知识地图　拓展认知边界

少年图文大历史

世界是如何开始的

[韩]李明贤 著　[韩]郑元桥 绘
林香兰 译　邹翀 校译

中信出版集团 | 北京

图书在版编目（CIP）数据

世界是如何开始的 /（韩）李明贤著；（韩）郑元桥
绘；林香兰译 . -- 北京：中信出版社，2021.9
（少年图文大历史；1）
ISBN 978-7-5217-2934-4

Ⅰ . ①世… Ⅱ . ①李… ②郑… ③林… Ⅲ . ①"大爆
炸"宇宙学 – 少年读物 Ⅳ . ① P159.3-49

中国版本图书馆 CIP 数据核字（2021）第 044184 号

Big History vol.1
Written by Myunghyun LEE
Cartooned by Wonkyo JUNG
Copyright ©Why School Publishing Co., Ltd.- Korea
Originally published as "Big History vol. 1" by Why School Publishing Co., Ltd., Republic of Korea 2013
Simplified Chinese Character translation copyright © 2021 by CITIC Press Corporation
Simplified Chinese Character edition is published by arrangement with Why School
Publishing Co., Ltd. through Linking-Asia International Inc.
All rights reserved
本书仅限中国大陆地区发行销售

世界是如何开始的

著者： 　[韩] 李明贤
绘者： 　[韩] 郑元桥
译者： 　林香兰
校译： 　邹翀
出版发行：中信出版集团股份有限公司
　　　　　（北京市朝阳区惠新东街甲 4 号富盛大厦 2 座　邮编　100029）
承印者： 　天津丰富彩艺印刷有限公司

开本：880mm×1230mm　1/32　　　印张：7　　　字数：131 千字
版次：2021 年 9 月第 1 版　　　　印次：2021 年 9 月第 1 次印刷
京权图字：01–2021–3959　　　　　书号：ISBN 978–7–5217–2934–4
　　　　　　　　　　　　定价：58.00 元

大历史是什么？

　　为了制作"探索地球报告书"，具有理性能力的来自织女星的生命体组成了地球勘探队。第一天开始议论纷纷。有的主张要了解宇宙大爆炸后，地球是从什么时候、怎样开始形成的；有的主张要了解地球的形成过程，就要追溯至太阳系的出现；有的主张恒星的诞生和元素的生成在先，所以先着手研究这个问题。

　　在探索过程中，勘探家对地球上存在的多样生命体的历史产生了兴趣。于是，为了弄清楚地球是在什么时候开始出现生命的，并说明生命体的多样性和复杂性，他们致力于研究进化机制的作用过程。在研究过程中，他们展开了关于"谁才是地球的代表"的争论。有人认为存在时间最长、个体数最多、最广为人知的"细菌"应为地球的代表；有人认为亲属关系最为复杂的蚂蚁才是；也有人认为拥有最强支配能力的智人才是地球的代表。最终在细菌与人类的角逐战中，人类以微弱的优势胜出。

　　现在需要写出人类成为地球代表的理由。地球勘探队决定要对人类怎样起源、怎样延续、未来将去往何处进行调查，同时要找出人类的成就以及影响人类的因素是什么，包括农耕、城市、帝国、全球网络、气候、人口增减、科学技术和工业革命等。那么，大家肯定会好奇：农耕文化是怎样促使人类的生活产生变化的？世界是怎样连接的？工业革命是怎样改变人类历史的？……

地球勘探队从三个方面制成勘探报告书，包括："从宇宙大爆炸到地球诞生"、"从生命的产生到人类的起源"和"人类文明"。其内容涉及天文学、物理学、化学、地质学、生物学、历史学、人类学和地理学等，把涉及的知识融会贯通，最终形成"探索地球报告书"。

好了，最后到了决定报告书标题的时间了。历尽千辛万苦后，勘探队将报告书取名为《大历史》。

外来生命体？地球勘探队？本书将从外来生命体的视角出发，重构"大历史"的过程。如果从外来生命体的视角来看地球，我们会好奇地球是怎样产生生命的、生命体的繁殖系统是怎样出现的，以及气候给人类粮食生产带来了哪些影响。我们不禁要问："6 500万年前，如果陨石没有落在地球上，地球上的生命体如今会怎样进化？""如果宇宙大爆炸以其他细微的方式进行，宇宙会变成什么样子？"在寻找答案的过程中，大历史产生了。事实上，通过区分不同领域的各种信息，融合相关知识，并通过"大历史",我们找到了我们想要回答的"宇宙大问题"。

大历史是所有事物的历史，但它并不探究所有事物。在大历史中，所有事物都身处始于 137 亿年前并一直持续到今天的时光轨道上，都经历了 10 个转折点。它们分别是 137 亿年前宇宙诞生、135 亿年前恒星诞生和复杂化学元素生成、46 亿年前太阳系和地球生成、38 亿年前生命诞生、15 亿年前性的起源、20 万年前智人出现、1 万年前农耕开始、500 多年前全球网络出现、200 多年前工业化开始。转折点对宇宙、地球、生命、人类以及文明的开始提出了有趣的问题。探究这些问题，我们将会与世界上最宏大的故事相遇，宇宙大历史就是宇宙大故事。

因此，大历史不仅仅是历史，也不属于历史学的某个领域。它通过开动人类的智慧去理解人类的过去和现在，它是应对未来的融合性思考方式的产物。想要综合地了解宇宙、生命和人类文明的历史，就必然涉及人文与自然，因此将此系列丛书简单地划分为文科和理科是毫无意义的。

但是，认为大历史是人文和科学杂乱拼凑而成的观点也是错误的。我们想描绘如此巨大的图画，是为了获得一种洞察力，以便贯穿宇宙从开始到现代社会的巨大历史。其洞察中的一部分发现正是在大历史的转折点处，常出现多样性、宽容开放、相互关联性以及信息积累的爆炸式增长。读者不仅能通过这一系列丛书，在各本书也能获得这些深刻见解。

阅读和学习"少年图文大历史"系列丛书会有什么不同呢？当然是会获得关于宇宙、生命和人类文明的新奇的知识。此系列丛书不是百科全书，但它包含了许多故事。当这些故事以经纬线把人文和科学编织在一起时，大历史就成了宇宙大故事，同时也为我们提供了一个观察世界、理解世界的框架。尽管想要形成与来自织女星的生命体相同的视角可能有点困难，但就像登上山顶俯瞰世界时所看到的巨大远景一样，站得高才能看得远。

但是，此系列丛书向往的最高水平的教育是"态度的转变"，因为通过大历史，我们最终想知道的是"我们将怎样生活"。改变生活态度比知识的积累、观念的获得更加困难。我们期待读者能够通过"少年图文大历史"系列丛书回顾和反省自己的生活态度。

大历史是备受世界关注的智力潮流。微软的创始人比尔·盖茨在几年前偶然接触到了大历史，并在学习人类史和宇宙史的过程中对其深深着迷，之后开始大力投资大历史的免费在线教育。实际上，他在自己成立的 BGC3（Bill Gates Catalyst 3）公司将大历史作为正式项目，之后还与大历史企划者之一赵智雄的地球史研究所签订了谅解备忘录。在以大卫·克里斯蒂安为首的大历史开拓者和比尔·盖茨等后来人的努力下，从 2012 年开始，美国和澳大利亚的 70 多所高中进行了大历史试点项目，韩国的一些初、高中也开始尝试大历史教学。比尔·盖茨还建议"青少年应尽早学习大历史"。

经过几年不懈努力写成的"少年图文大历史"系列丛书在这样的潮流中，成为全世界最早的大历史系列作品，因而很有意义。就像比尔·盖茨所说的那样，"如今的韩国摆脱了追随者的地位，迈入了引领国行列"，我们希望此系列丛书不仅在韩国，也能在全世界引领大历史教育。

李明贤　　赵智雄　　张大益

祝贺"少年图文大历史"系列丛书诞生

　　大历史是保持人类悠久历史，把握全宇宙历史脉络以及接近综合教育最理想的方式。特别是对于21世纪接受全球化教育的一代学生来讲，它显得尤为重要。

　　全世界范围内最早的大历史系列丛书能在韩国出版，并且如此简洁明了，这让我感到十分高兴。我期待韩国出版的"少年图文大历史"系列丛书能让世界其他国家的学生与韩国学生一起开心地学习。

　　"少年图文大历史"系列丛书由20本组成。2013年10月，天文学者李明贤博士的《世界是如何开始的》、进化生物学者张大益教授的《生命进化为什么有性别之分》以及历史学者赵智雄教授的《世界是怎样被连接的》三本书首先出版，之后的书按顺序出版。在这三本书中，大家将认识到，此系列丛书探究的大历史的范围很广阔，内容也十分多样。我相信"少年图文大历史"系列丛书可以成为中学生学习大历史的入门读物。

　　大历史为理解过去提供了一种全新的方式。从1989

年开始，我在澳大利亚悉尼的麦考瑞大学教授大历史课程。目前，以英语国家为中心，大约有50所大学开设了大历史课程。此外，在微软创始人比尔·盖茨的热情资助下，大历史研究项目团体得以成立，为全世界的青少年提供免费的线上教材。

如今，大历史在韩国备受关注。2009年，随着赵智雄教授地球史研究所的成立，我也开始在韩国教授大历史课程。几年来，为促进大历史在韩国的传播，我们付出了许多心血，梨花女子大学讲授大历史的金书雄博士也翻译了一系列相关书籍。通过各种努力，韩国人对大历史的认识取得了飞跃式发展。

"少年图文大历史"系列丛书的出版将成为韩国中学以及大学里学习研究大历史体系的第一步。我坚信韩国会成为大历史研究新的中心。在此特别感谢地球史研究所的赵智雄教授和金书雄博士，感谢为促进大历史在韩国的发展起先驱作用的李明贤教授和张大益教授。最后，还要感谢"少年图文大历史"系列丛书的作者、设计师、编辑和出版社。

2013年10月

大历史创始人　大卫·克里斯蒂安

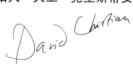

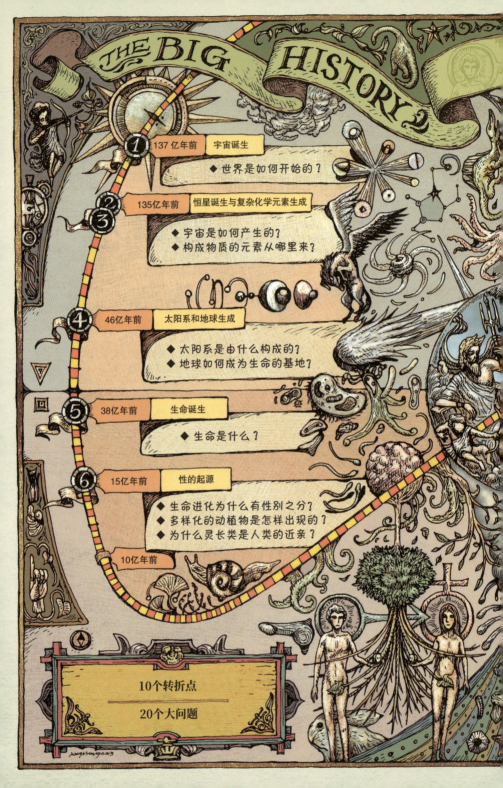

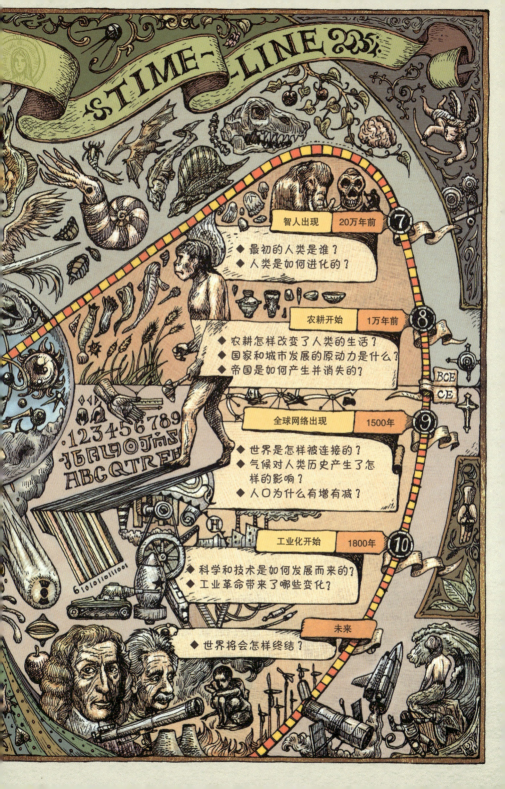

TIME-LINE 235.

| 智人出现 | 20万年前 | ⑦ |

◆ 最初的人类是谁？
◆ 人类是如何进化的？

| 农耕开始 | 1万年前 | ⑧ |

◆ 农耕怎样改变了人类的生活？
◆ 国家和城市发展的原动力是什么？
◆ 帝国是如何产生并消失的？

BCE
CE

| 全球网络出现 | 1500年 | ⑨ |

◆ 世界是怎样被连接的？
◆ 气候对人类历史产生了怎样的影响？
◆ 人口为什么有增有减？

| 工业化开始 | 1800年 | ⑩ |

◆ 科学和技术是如何发展而来的？
◆ 工业革命带来了哪些变化？

| 未来 |

◆ 世界将会怎样终结？

目录

① 夜空为什么是黑色的？

2

宇宙真的是永恒不变的吗？

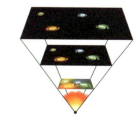

3

膨胀宇宙的发现

拓展阅读

寻找宇宙的开端

BIGBANG！宇宙大爆炸的瞬间

拓展阅读

6

宇宙的命运

夜空为什么是黑色的?

"夜空为什么是黑色的?"如果这个看起来很常见的自然现象被当成一种疑问提出,也许会得到意想不到的回答。当太阳下山、夜晚来临时,世界就变得黑暗起来,这是 5 岁孩子都知道的常识。

但是,让我们屏住呼吸,从科学的角度探索夜空为什么是黑色的吧。其实,找到答案并不容易。仔细想想,夜空中并不是什么都没有的,月亮会高挂天空,星星也会闪闪发光。那么,星光和月光能在多大程度上照亮夜晚呢?

200 年前的天文学家认识宇宙的框架与如今我们认识宇宙的框架截然不同。当时的天文学家认为宇宙没有开始,也没有结束,是永恒不变的空间,是无限静止的。

乞力马扎罗山最高峰上坠落的流星和无数闪亮的星星

现在看起来，这有点滑稽愚昧。但是，科学一直是以被证实过的事实为基础来解释世界，不管有多好的想法，没有经过观测或通过实验被证明，便得不到科学家的认可。他们认为的真理，是可以通过观测仪器看到的，或是已被理论证实过的。

生活在 21 世纪的现代人毫无疑问认可大爆炸宇宙论，此理论以每时每刻宇宙正在膨胀这一观测事实为基础。当然，普通人也不能保证内心对大爆炸宇宙论全部理解，但它作为我们这个时代的理论体系框架不会有什么大问题。因为在此期间，许多天文学家的科学证据已经表明，宇宙正以精密的方式和惊人的速度膨胀着。

与 200 年前的天文学家相比，对身处 21 世纪的天文学家更有利的地方体现在精巧完善的理论体系已经形成，可以进行更为精密的观测。即近代以来的天文学家对宇宙进行了更为仔细的研究，并以此研究结果为基础进行更深入的思考。但近代的天文学家如果回到 200 年前，结果会是怎样呢？他们一定会得出过去的宇宙论，认为宇宙是无限且静止的。

科学具有动态变化的属性，所以被称为"时代的科学"。要想获得新的真理，就要抛弃陈旧的价值观。这一点正是科学的伟大之处。

奥伯斯提出的疑问

1823 年，德国天文学家海因里希·奥伯斯以当时宇宙是静止且无限的理论框架为基础，就"黑夜之光"提出了如下具有逻辑性的推测。

无限广阔的宇宙中有无数的星星，在没有特殊理由的情况下，这些星星均匀地分布在无尽的宇宙中。无论站在哪个方向，都能看到星星，而且星星与星星之间也有数不清的其他星星。就像看茂密的森林，眼睛所看到的树与树之间仍占满了树一样。如果夜空被密集的星光填满，星光汇聚就应该像正午的太阳一样明亮，而且由于星光的热量，我们在夜晚也应该会感到温暖。

但无论是现在的我们看到的夜空，还是 200 年前的天文学家看到的夜空，都只有少数星星在闪闪发亮，夜空仍是漆黑的。这就是奥伯斯提出的疑问。对奥伯斯来说，这个推论是完全合理的。他只是以当时的宇宙论为依据提出了具有逻辑性的猜想："夜空为什么是黑色的？如果宇宙没有尽头，也不运动，那么夜空也应该像太阳升起时的白天一样明亮才是。"

"夜空为什么是黑色的?
如果宇宙没有尽头,也不运动,
那么夜空也应该像太阳升起时的白天

一样明亮才是!"

如何解释这个现象就成了奥伯斯猜想的反证。在这样的情况下，"夜空为什么是黑色的"这个疑问对 200 年前的天文学家来说并不是异想天开的，相反它是深奥的、复杂的、具有现实意义的。

其实，这样的疑问在奥伯斯生活的时代之前也曾被多次提及。17 世纪，约翰尼斯·开普勒为同样的问题感到苦恼，他把苦恼的内容通过书信的方式告诉了伽利略·伽利莱；16 世纪的英国天文学家托马斯·狄斯第一次提出了相当于此矛盾理论的原型问题；在更往前的时代，狄斯和开普勒也提出过疑问。狄斯和开普勒与奥伯斯提出的问题相同，但如今我们把这个提问称为"奥伯斯佯谬"，这对狄斯和开普勒来说可能很委屈。

开普勒和奥伯斯等许多天文学家都在尽自己的努力就奥伯斯佯谬去寻找解决答案，这在当时是十分迫切的宇宙论课题。奥伯斯佯谬否定了宇宙是无限且静止的，直到后来大爆炸宇宙论成为"时代体系框架"。在此之前的很长时间里，奥伯斯佯谬都被认为是宇宙论的难题。

后来，科学史上出现了在天文学家中最具影响力的美国天文学家爱德华·哈勃。哈勃从小就喜欢看星星，梦想着成为天文学家。他的爷爷坚定地支持他的梦想，但他的父亲坚决反对他学习天文学。哈勃不愿违背父亲的意愿，考入芝加哥大学，主修法学，但兼修天文和物理。之后，

爱德华·哈勃（1889—1953）在威尔逊山天文台担任研究员。他就宇宙的膨胀及大小提出了许多重要的发现，改写了现代天文学的历史

哈勃获得罗德奖学金前往牛津大学留学时，也只能学习法学。

但父亲的去世中断了哈勃的留学生涯，他回到了故乡。在很长一段时间里，哈勃在高中教书，还做过一些与法律相关的工作。在承担了对家人应尽的责任后，哈勃终于开始了自己的寻梦之旅。

哈勃在芝加哥大学的叶凯士天文台攻读博士学位。他参加了第一次世界大战，是一名占领德国的美国士兵。回国后，他在威尔逊山天文台担任研究员，在那里进行了许多改写现代天文学历史的观测。

一张改变世界的图

1929 年 1 月 17 日，哈勃发表了 6 页论文，题目为《河外星系退行速度与距离之间的关系》，此论文中绘制的图描绘了使世界震惊的一幕。

论文的横轴表示地球与星系之间的距离，纵轴表示星系的退行速度，图中从左下至右上画有虚实线，以表明增加的倾向性。虚实线周围画着许多代表偏差的点，这些点表示被测星系的距离与退行速度。

此图表示的距离与退行速度之间的关系被后世称为"哈勃定律"。它说明了大爆炸宇宙论的核心——宇宙膨胀的属性，即"距离我们越远的星系正以越快的速度远离我们"这个事实。

此论文发表后，一部分天文学家抑制不住内心的喜悦，欢呼新的时代开始了，但另一部分天文学家仍然坚持被奉为标准的旧宇宙框架，专心寻找此图的毛病。事实上，哈勃自己并没有立即认识到此图的意义。到底图上的哪一部分使天文学家如此欢呼雀跃或暴跳如雷呢？现在，

哈勃在《河外星系退行速度与距离之间的关系》论文中绘制的图

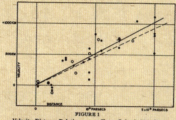

哈勃在 1929 年发表的论文中展示了宇宙膨胀的观测性证据。图中横轴为地球到星系的距离，纵轴为星系的退行速度

我们一起来看看哈勃论文里的那张图吧。

图的横轴表示地球到星系的距离。星系距离地球越远，表面亮度就会越暗，越近就会越亮。实际上，亮度跟烛光的原理是一样的，根据距离的远近，亮度也随之不同。假如知道地球到星系的距离，就可以知道星系的表面究竟有多亮。首先要知道星系的大小和质量，才能了解真正的星系。因此，尽管了解星系最基本的要素是距离的测定，但也不能过度推测。

视亮度

在地球看到的天体亮度，分为表观等级、实视等级或眼视等级。根据星星的亮度不同，将肉眼看到的最亮的星球称为1级，最暗的星球称为6级。因表面亮度无法与实际亮度相比，所以假定所有星球离地球都相距10 pc（秒差距），它被称为绝对星等。

乘坐宇宙飞船到离地球最近的星球要花费几天时间，到火星要花费8个月以上的时间。在这样的情况下，怎样才能测定离地球更远的星球或星系的距离呢？众所周知，测量距离需要相应的测量工具，有能测量从地球到最近星球距离的工具吗？当然没有。

不知你们有没有过这样的经历，先闭上一只眼看某个物体，睁开然后再闭上另一只眼看那个物体，那个物体的位置是不同的。左眼和右眼会形成一定的间隔，从而产生视差现象。距离被观察物体越近，视差现象导致的位置变化就越大；距离越远，位置变化就越小，与物体相隔很远时，我们的眼睛几乎感觉不到位置的变化。

地球到较近星球的距离可以通过周年视差法得到，就像地球绕太阳一周为一年，我们即使坐着不动也仍然适用此法则一样。比如1月在地球上测量某个星球的位置，到了地球离那个位置最远的6个月后（7月），在地球原来的位置测量此星球的位置，观察6个月内那个星球的位置发生了怎样的变化，并测量它的变化值，然后取半值，便是它的周年视差。

我们已经知道地球与太阳之间的距离，所以可以通过周年视差得到地球到星球之间的距离。6个月后观测，相比距离地球较远的星球，较近星球的位置变化会更大。总的来说就是，星球距离地球越远，周年视差就越小；星球距离地球越近，周年视差就越大。周年视差与距离成反比例关系。

距离1角秒周年视差被称为pc。周年视差没有其他假设，它是以几何方式为基础，确定地球到星球距离的最直接的方法。换言之，距离越远，周年视差值越小，测量也会变得更加困难。此方法的局限是，它只适用于测量离地球较近星球的距离。

表示地球到星球的距离，用我们日常使用的距离单位

利用周年视差测量地球到星球的距离

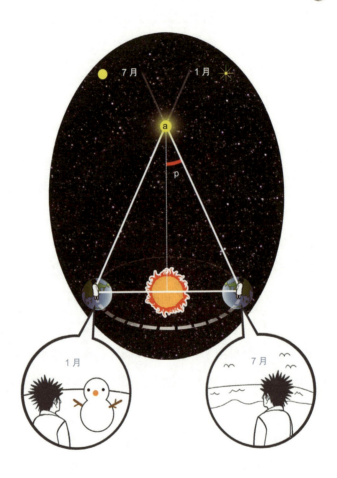

1月在地球上测量 a 星球的位置，6个月后（7月）地球离 a 星球最远的时候，再次测量 a 星球的位置，观察 6 个月内 a 星球的位置发生了怎样的变化，并测量它的变化值，然后取半值，便是它的周年视差

并不合适。因为天文学上的测量距离都很大，只能用特殊的天文单位。地球与太阳的平均距离约为 1.5 亿千米，它被称为 1 天文单位，一般在表示太阳系内星球的距离时使用。在宇宙中，传播速度最快的是光，它在一年内运动的距离被定义为光年，在表示星球或星系的距离时使用。此外，人们也经常使用出自周年视差值的单位 pc：1 000 pc=1Kpc；1 000 000 pc=1Mpc；1 pc≈ 3.26 光年。

那颗星到底有多远？

怎样才能知道离地球更远的星球的距离呢？我们可以通过星球固有的物理特性得到，代表性的方法是利用脉动变星亮度与周期之间的关系。

恒星到了生命周期的最后一个阶段时会发生引力不平衡、周期性膨胀与收缩的现象。恒星像心脏一样周期性膨胀与收缩的现象被称为"脉动"。如果恒星"脉动"的话，它的亮度就会随之或明或暗。像这样亮度发生周期性变化的恒星被称为脉动变星。

脉动变星的光度与光变周期有紧密的联系。以脉动变星之一造父变星为例，越亮的变星光变周期越长。因此以周年视差为基础，可以建立已知距离的造父变星光变周期与绝对星等之间的关系式。如果不知道距离，可以通过对

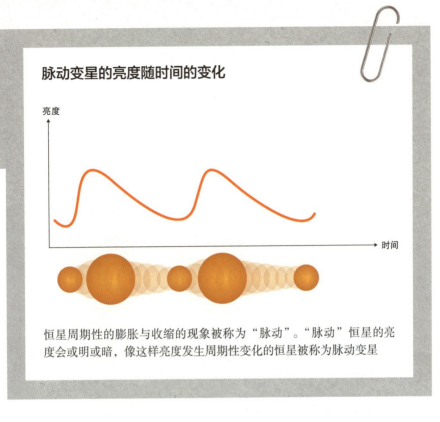

脉动变星的亮度随时间的变化

亮度

时间

恒星周期性的膨胀与收缩的现象被称为"脉动"。"脉动"恒星的亮度会或明或暗，像这样亮度发生周期性变化的恒星被称为脉动变星

造父变星的光变周期进行测量，得知变星的绝对星等，然后比较被测变星的绝对星等，就可以求出距离。此方法在求距地球较近星系的距离时使用。

想要求出地球到星球的距离，需要逐级而上进行。首先需要保证地球到太阳距离的测量精度。这是因为不论对于较近的星球还是诸如利用已知距离的造父变星绝对星等与光变周期来确定其他较远距离星球到地球的距离，均需利用地球与太阳之间的距离作为计算基础进行周年视差法

造父变星在赫罗图中的位置

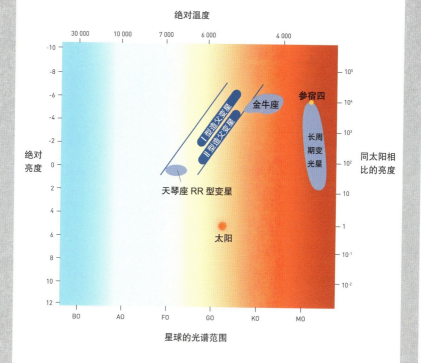

赫罗图（H-R diagram）是展示星星亮度、温度和颜色三者间关系的图画，以丹麦天文学家埃希纳·赫茨普龙（Ejnar Hertzsprung）和美国天文学家亨利·罗素（Henry Russell）的名字命名。造父变星分为两种，Ⅰ型造父变星很典型，它是年轻且拥有稳定元素的恒星，比较老的、拥有活跃元素的Ⅱ型造父变星亮 4 倍左右

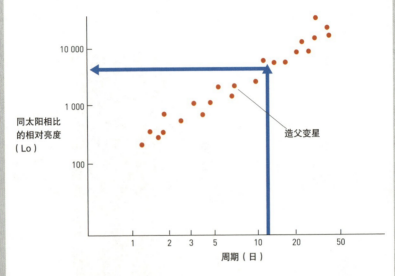

I 型造父变星亮度与周期的关系

同太阳相比
的相对亮度
（Lo）

造父变星

周期（日）

造父变星的周期为 1~50 天，周期越长越亮，利用脉动变星绝对星等与光变周期间的关系可以求出地球到星球的距离。沿箭头指示方向，根据光变周期同太阳相比就可以确定星球的绝对星等

测量。如果地球和太阳之间的距离测量不准确，会产生一系列连锁反应。以周年视差法测算星球与地球距离的方法的各个阶段是环环相扣的。

哈勃在 1929 年发表的论文里主要利用造父变星视星等与光变周期的关系得到地球与较近星系的距离。哈勃已经体验到了利用造父变星确定距离的优势。

1923 年 10 月 4 日晚，哈勃在威尔逊山天文台利用 100 英寸[1] 口径的胡克望远镜对仙女座星云进行了观测。尽管观测时天气不太理想，但哈勃还是拍摄到了一张照片，把照片冲洗出来一看，照片上出现了一个点，那是第一次观测到的星星——新星。当然，那也可能是在冲洗照片时不小心弄上去的白点。

　　幸运的是，接下来的日子天气很好，哈勃重新拍摄了照片，在照片中又发现了两颗新星。哈勃将自己新拍摄到的仙女座星云照片同之前的进行比较，发现新拍摄的两颗新星在之前的仙女座星云照片上找不到，这意味着他发现了两颗新的星星。

　　但真正使哈勃兴奋的是照片上的第三个点。那个点在之前的照片上也有，但在这次的新照片上，它的亮度变化十分明显。哈勃认为它是变星，而且正是造父变星！这是在仙女座星云中首次发现造父变星。

　　这个发现的重要之处在于，它利用被测恒星视星等以及造父变星的周光关系求出了结果，并把结果与绝对星等相比较，从而确定地球与仙女座星云的距离。利用此方法，哈勃求出地球与仙女座星云相距大约 90 万光年。

1　1 英寸 =2.54 厘米。——编者注

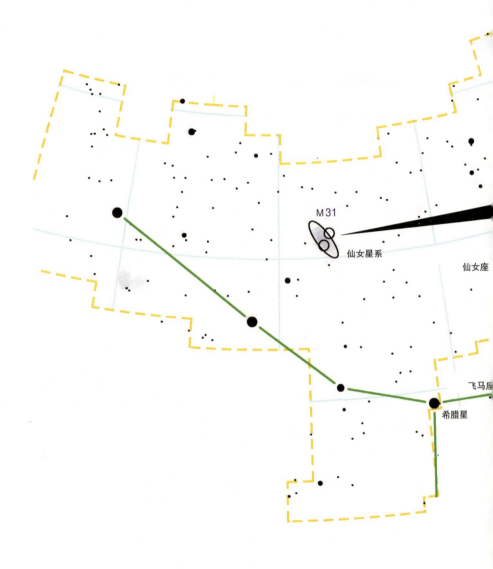

M31

仙女星系

仙女座

飞马座

希腊星

仙女座（黄线内侧）是以希腊神话中仙女公主的名字命名的星座，位于飞马座北部，包括仙女星系和卫星星系

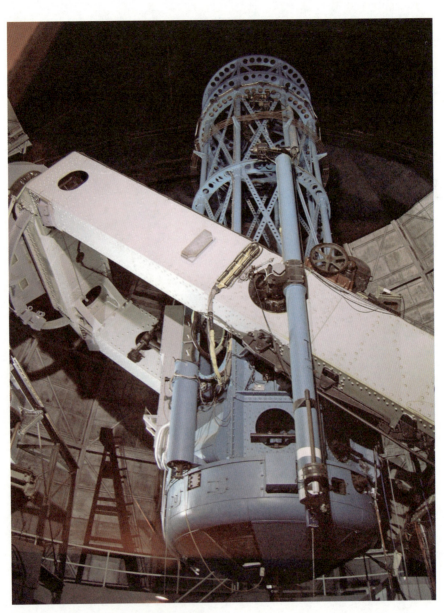

威尔逊山天文台 100 英寸口径的胡克望远镜

世界是如何开始的

为争论画上句号的哈勃

1920 年，宇宙被认为是静止不动的。这一年离哈勃找到宇宙膨胀的观测证据还差 9 年。

当时有几个尖锐的宇宙学争论焦点。其中一个便是以仙女座星云为首的所谓"螺旋星云"是属于我们生活的银河系，还是属于银河系外的独立星系。

天文学家哈洛·沙普利在威尔逊山天文台测量出银河系的直径大约为 30 万光年，他认为螺旋星云是银河系中的天体，我们所生活的银河系就是宇宙本身。然而，天文学家柯蒂斯坚决认为螺旋星云属于独立星系。

以美国两位天文学家为首，天文学界分为两大阵营，它们激烈地对峙着。但以当时的观测证据，无法准确地说明两大阵营到底谁对谁错。

被哈勃发现的"第三点"为这场争论画上了句号。他求出的仙女座距离大大超过了沙普利主张的 30 万光年，那是谁也无法否认的明确的观测证据。接到哈勃来信的沙普利感叹道："这是破坏我之宇宙的一封信。"如今，仙女座"星云"成了仙女"星系"。这样，宇宙变得更加庞大，我们的"银河"仅仅是宇宙的一小部分，并不是宇宙本身。

此外，哈勃的观测使观察宇宙的天文学家的认识变得

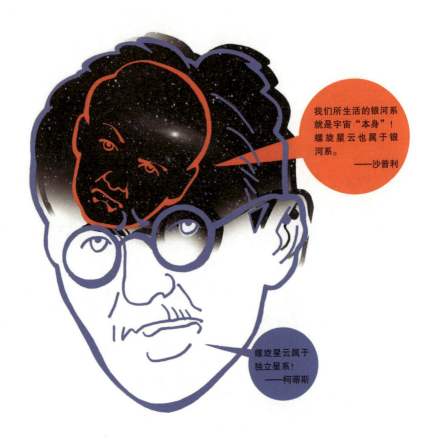

更加开阔、更加明智，哈勃从此成了名人，他本人也很享受自己的成功。之后，他同富有的银行家之女结婚，并在离威尔逊山天文台较近的洛杉矶好莱坞社交聚会上正式亮相。

哈勃在其他螺旋星云中也发现了造父变星，利用造父变星周光关系求出了这些螺旋星云到地球的距离，并最终证明许多螺旋星云都属于河外星系。

　　哈勃还通过观测造父变星和使用其他辅助方法求出了 24 个星系到地球的距离，并在 1929 年发表的论文中公布了此内容。这是除哈勃之外谁都无法做到的事。因为当时威尔逊山天文台拥有世界上性能最好的望远镜——100 英寸口径的胡克望远镜，哈勃是少数几个可以尽情使用此望远镜的天文学家之一。与哈勃关系不太好的竞争者沙普利离开威尔逊山天文台前往哈佛天文台后，哈勃的得力助手米尔顿·赫马森便在哈勃身边兢兢业业协助他，从此再也没有人能阻挡哈勃观测的前进之路。

星云

散发出热或电磁波的由星际空间的气体和尘埃结合成的云雾状天体。目前，科学家们发现了大约 1 000 个星云，它们内部或周围总是有星系。在人们能够成熟地使用望远镜之前，除现在已知的、我们所生活的银河系以外，外星系和一些星团也被称为星云（例如仙女座星云）。此后，星云成为描述银河系内天体的术语。

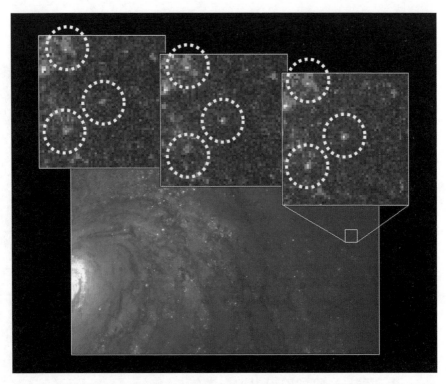

此照片显示了距我们生活的银河系大约 20 Mpc 的旋涡星系 M100 中发现的造父变星的亮度变化。它由哈勃空间望远镜拍摄而成，比较圆圈部分就可以确定星体的视星等差异

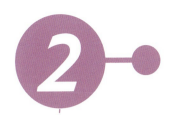

宇宙真的是
永恒不变的吗？

天文学与其他科学不一样，反复实验几乎是不可能的，因为想要在地球上再现规模巨大的天文现象，从根本上就是不可能的。像太阳一样的星球进化过程需要 100 亿年。即使人类生命和人类文明可以一直延续下去，我们想要见证太阳从开始到结束的进化过程也是完全不可能的。

亲自到想研究的天体上进行观测或实验都是很困难的。现在的人类也只能到达离地球最近的天体——月球罢了，那还是 1969 年到 1972 年 4 年间，12 名宇航员离开地球表面才得以实现。人类往火星上也仅仅发射了几艘探测飞船和几台火星车。

因此，天文学家对宇宙的了解大部分通过在地球表面设置望远镜，或者在地球附近发射搭载望远镜的人造卫星，接收并分析从天体射出的光线。

现在也是如此，天文学家为解开宇宙的秘密，正艰苦卓绝地分析着从远处模糊天体发出的光线。大爆炸宇宙论如此宏大的宇宙框架，也是从由天体而来的一抹微光之中呈现它的开始。

从一抹光开始！

通过活用天体光线进行研究的方法有两种。一种是测量光的强度并进行分析的"天体测光学"，前面所提到的测量造父变星的亮度是如何变化的方法就属于天体测光学。这是通过测量光的数量把握天体的物理性质的方法。另一种是"天体光谱学"，它是对天体光线波的长短进行分析，然后通过对光谱分光后，从中获得物理信息的研究方法。

核素在特定条件下可以发散出不同波长的光线，反映出不同核素的能级特性。发散的过程逆吸收，也同样会因核素不同而出现特定的波长。这就像不同的人有不同的指纹一样，不同的核素也有各自固定的发射特征波长和吸收特征波长。

利用这种原理，我们可以通过分光观测知道远处天体中存在着哪种元素。即使不离开地球，也能知道远处的天体上到底有什么元素。

19 世纪初，科学家对太阳的光谱进行分析时发现了一种特定的吸收线（连续光谱上被观察的黑色线）。通过吸收线，科学家即使没有到达太阳表面，也能知道太阳的大气中存在何种元素。

威廉·哈金斯是一位著名的科学家。他听从父亲的话从事布匹生意，后来为了实现自己的梦想，他出售了店铺，建立了天文台。19 世纪 60 年代，他利用分光光度法观测并分析了天体的光谱，在猎户座的一等亮星参宿四的光谱中发现了包括钠、镁、铁等元素的吸收线，那是我们在地球上常见的元素。令人吃惊的是，地球上存在的元素在遥远的宇宙某处也存在着。

这样，地球再也不是特殊的地方了。哈金斯得出结论：整个宇宙中存在着共同的化学反应。从这个层面来讲，在天文学中引入分光光度法是为人类向新智慧飞跃而做出的明智决定。

哈金斯利用分光光度法探索出了测量径向速度（天体在观测者视线方向运动时的速度）的方法。奥地利物理学家克里斯蒂安·多普勒在 1842 年发现的法则也适用于分析天体的光谱。

在具有代表性的常见的七色彩虹光可见光范围，波长最长的光线是红色，最短的是紫色。从紫色到红色，波

退行速度

河外星系远离我们所生活的银河系的速度。测量从河外星系而来的光线的红移，可知退行速度与距离成正比。

长越来越长，此原理也可用于天体观测。

如果发出射线的天体越靠近观测者，那么观测者观测到的波长会越短，越会向蓝色方向变化，这种现象被称为"蓝位移"（蓝移）；相反，如果天体越远离观测者，那么观测者观测到的波长越长，这种现象被称为"红位移"（红移）。

产生光线波动的天体越快靠近观测者，蓝移的值越大，越快远离观测者，红移的值越大。利用分光机观测某种天体的蓝向移动或红向移动，可以求出该天体的径向速度。

1868 年，哈金斯与他的夫人玛格丽特把大犬座一等星天狼星的吸收线与太阳的吸收线进行了观测比较。他们发现，尽管天狼星的吸收线同太阳的吸收线相似，但整个光谱 0.15% 的波长开始往长波方向移动，产生了红移。他们从红移中求出天狼星的退行速度为每秒 45 千米。

像这样的分光学向人们展示了即使待在地球上不动，也有观测位于远处天体的运动的办法。

太阳吸收线和天狼星吸收线的对比

太阳　　　　　　　　　　　天狼星

1868 年，哈金斯同夫人把太阳和天狼星的吸收线进行了观测比较。两者的光谱大体相似，由几乎相似的物质构成。在上图中，太阳离地球更近，所以产生了更多的吸收线

多普勒效应

多普勒效应由克里斯蒂安·多普勒发现。它是指无论是水的波动、声音的波动，还是光的波动，根据波源和观察者的相对速度，其频率和波长会产生变化。

举一个多普勒效应的简单例子。我们试着想象一下，湖面上停靠着一艘静止的小船，某人乘坐该船并划动船桨，在一定的时间间隔内以特定的速度划动水面，从而使其产生水波。在水面上的人可以观测到水波会在一定的时间间隔内以特定的速度向他而来。

我们假设这艘船向着湖面另一侧身穿蓝色衣服的人行进，乘船的人在相同的时间间隔内以相同的速度产生水波动。但是船在向着湖面另一侧行进时，身穿蓝色衣服的人会感受到水波产生的时间间隔更短，速度更快，即可以看到引起水波的波长变短了。但与船相隔较远的一侧穿红色衣服的人会观察到相反的现象，他会发现波动到达的时间间隔变大，速度变慢。

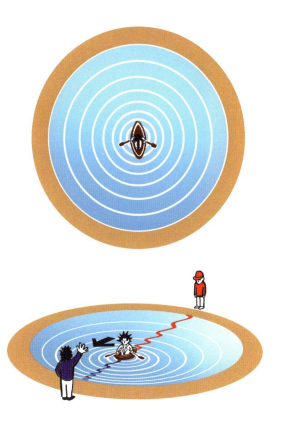

也就是说，可以观测到波长变长的水波。在船本身不移动而观测者移动时，也会产生类似的效果。

把水波换成光波思考时也一样。无论何种形式的波动大体上都会产生同样的效果，这便是多普勒效应。

维斯托·梅尔文·斯里弗惊人的观测

维斯托·梅尔文·斯里弗原来是一位外交官，后来成为一名天文学家，他测定了远距离天体的径向速度。1912年，他在美国亚利桑那州弗拉格斯塔夫的洛厄尔天文台用 24 英寸口径的折射望远镜对宇宙进行了观测。他对螺旋星云进行了分光观测，得到了它们的光谱，然后运用多普勒效应求出它们的红移或蓝移值，最后从中计算出径向速度。

经过几天时间，斯里弗拍摄到了 40 小时未被遮挡的仙女座星云的分光照片，并对它的光谱进行了研究。但是，令人震惊的结果出现了：仙女座星云的光谱发生了蓝移，即仙女座星云以每秒 300 千米的速度向我们靠近。此速度是之前被测蓝移速度的 6 倍。

无论是其他天文学家，还是斯里弗，都被这个结果震惊了。就像前面提及的那样，当时，仙女座星云被认为属于我们生活的银河系中的螺旋星云，因此大家都不知道如何接受星云会如此快速运动的事实。

斯里弗开始尝试以更多的螺旋星云为对象进行分光观测。截至 1917 年，他已经观察并测定了 25 个星系的径向速度。结果实在令人吃惊：21 个星系都产生了红移现象，这表明那 21 个星系正在远离我们所生活的银河系；相反，

较近星体与较远星体吸收线的差异

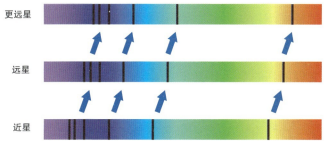

通过对星系进行分光观测可知，星系越远，光谱波长会越往长（红色）方向移动

剩下的 4 个星系发生了蓝移现象，它们正在靠近我们所生活的银河系。截至 20 世纪 20 年代初，斯里弗一共观测了40 个星系的径向速度，它们中的大多数都产生了红移现象。

当时，宇宙被认为是不动的，即"静止的宇宙"。在那样的宇宙论框架下，要去理解存在快速移动的螺旋星云这个事实是很困难的。即使这些天体会移动，即使远去的螺旋星云以及靠近的螺旋星云在一定程度上个数是相同的，但观测结果仍然显示出后退速度的螺旋星云的数量占据着压倒性优势。

当时的天文学家不知道如何解释这种奇怪的现象，都有些不知所措。甚至通过观测证明了爱因斯坦广义相对论的英国天文学家亚瑟·艾丁顿爵士还在自己的著作中写下了这样一句话："宇宙论中最难解的问题之一就是螺旋星云惊人的速度。"可见螺旋星云的径向速度问题是当时天文界面临的重大难题。

因为有了哈勃，如此重大的难题终于有了被解决的可能。1925 年，随着哈勃重新测定出从我们生活的银河系到仙女座星云的距离为 90 万光年，螺旋星云径向速度的问题才渐渐得到答案。答案与以前相当不同，即螺旋星云不像当时我们认为的那样属于我们生活的银河系，而是属于银河系之外的河外星系。

但是，过快的径向速度、远去星系的个数以及靠近星系的个数间的不平衡问题依旧没有解决，其中仍存在许多谜团。

哈勃似乎认为，能解开斯里弗观测到的银河系径向速度分布之谜的只有自己，不然怎么会带有如此高涨的使命感去解决问题呢？无论如何，哈勃可以自由地使用胡克望远镜。与斯里弗使用的 24 英寸口径的折射望远镜相比，胡克望远镜在聚光能力上更加优秀。哈勃也配有经过改进的、高性能的分光机，它可以更清晰地拍摄光谱照片。此外，他忠实的助手、合作伙伴赫马森也从旁协助他的观测。

"宇宙论中最难解的问题之一就是螺旋星云惊人的**速度**。"

哈勃和赫马森通过分光观测获得的星系退行速度

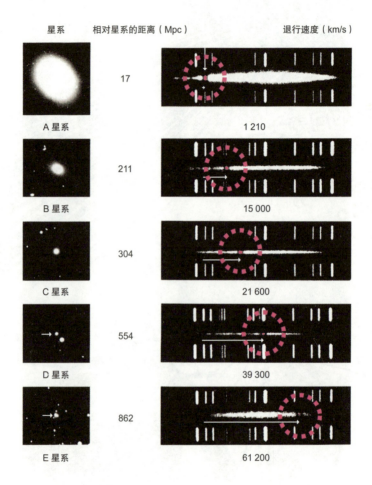

星系	相对星系的距离（Mpc）	退行速度（km/s）

A 星系　17　　1 210

B 星系　211　　15 000

C 星系　304　　21 600

D 星系　554　　39 300

E 星系　862　　61 200

从 A 星系到 E 星系，距离越来越远，退行速度越来越快

赫马森是一名酒店门童，负责接待来威尔逊山天文台访问的天文学家，同时也帮忙搬运天文台的器械。之后他逐渐学习了天体观测方法和拍摄技术，几年后成为全世界最优秀的观测家和天体摄影师。

为了更好地进行天体观测，哈勃准备了所有需要的东西，并着手解开斯里弗观测结果留下的谜团。赫马森负责对斯里弗观测的星系重新进行分光观测，获得新的径向速度，哈勃负责测出地球与这些被测星系的距离。

哈勃和赫马森使用的 100 英寸口径的胡克望远镜装有最先进的拍摄仪和分光机，斯里弗花几天时间好不容易获得的数据，他们在短短几个小时内便完成了。1929 年，他们成功求出了足足 46 个星系的径向速度，这一测量数据在哈勃 1929 年的论文中被公布。

哈勃定律：距离我们越远的星系以越快的速度远离我们

让我们再来看一看哈勃 1929 年发表的论文中的那张图。横轴表示从银河系到星系的距离，纵轴表示星系的径向速度，以 km/s（千米 / 秒）表示，图上以 km 为单位表示（受当时绘图工具的限制）。

这张图展示了处于较近位置且已知它的测定距离和测

哈勃 1929 年的论文中展示的各类星系退行速度与距离之间关系的图

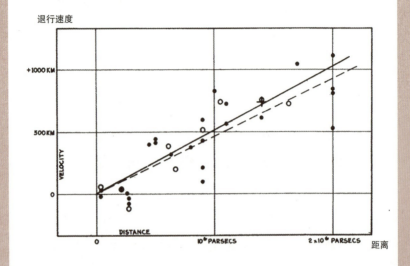

定速度的星系（在图中用点标示）分布，乍一看图上的点会显得有些乱七八糟。虽然那些点有向哈勃绘制的虚实线为中心按比例分布的倾向，但又不是全部具有向实线收敛的趋势，有几个点是发散的。所以仅看此图就说星系的距离和退行速度成正比例关系的话总觉得稍显不足。

但是，接受这种误差后再重新看一下图就会发现，其实此图传达的意义格外简单。我们到星系的距离与该星系的径向速度成正比例关系。距离我们较近的星系正慢慢地远离我们，距离我们较远的星系正快速地远离我们。这也可以解释为离我们2倍远的星系以2倍快的退行速度远离我们，离我们3倍远的星系以3倍快的退行速度远离我们。像这样解释星系退行速度与距离之间的关系，被后世称为"哈勃定律"。

其中有几个星系的径向速度是负的，这表明这些星系正不断靠近我们。径向速度为负的星系与我们生活的银河系同属于本星系群，且彼此关系紧密。无论是仙女星系（M31）还是其他陌生星系（M33），都属于本星系群。这些星系与我们生活的银河系在一个引力系统内。经过很漫长的时间，我们的银河系和仙女星系将彼此碰撞，最终会形成一个椭圆星系。

通过斯里弗，我们已经知道银河系正以非常快的速度运动着。此外，在银河系速度分布方面，除了几个属于本星系群、离我们生活的银河系较近的星系外，其他大部分星系都具有退行速度值——这一点我们已经知晓。

与斯里弗相比，哈勃进行了更为精密的观测。结果表明，退行速度的不均衡并非观测上的错误，而是实际存

本星系群

包括我们生活的银河系在内的几十个银河群，它们的直径大约为700万光年，总质量是太阳的1万亿倍。仙女星系和麦哲伦星系都属于局部银河群。已经被准确确定距离的星系大约有20个，我们生活的银河系和仙女星系是本星系群中最大且最具代表性的星系。

属于本星系群的旋涡星系 M33

在的。哈勃的图展示了退行速度与星系距离之间的比例关系。

之前没有人能测定的地球与星系的距离，哈勃通过最先进的望远镜测出了，并得到了新的数据。"宇宙是静止且均一的"，这种宇宙论当时已被人们广泛接受，但随着星系退行速度不均衡问题的出现，旧有的宇宙论框架受到冲击，解开星系退行速度不均衡问题成了一个大难题。

哈勃仔细研究该图发现，星系的退行速度和距离甚至成比例关系。假如按照人们当时所相信的那样，认为宇宙是"静止且均一的"，那么那些属于宇宙的星系的运动（虽然运动本身也是不妥的）也应均衡进行才对。也就是说，无论从哪个方向看，星系的运动都应该是对称的。暂且不看哈勃的图，离我们较近且退行速度较快的星系和离我们较远且退行速度较慢的星系，应该是均匀地分布在图中相对空余的空间上的。

在当时的宇宙论下，原则上离我们较近且正靠近我们的星系和离我们较远且正靠近我们的星系应该以同等数量分布。所以，如果遵循宇宙是静止（即使这些先略过不谈）且均一的这个理论原则，在表示星系退行速度和距离的图上不建立速度–距离关系式，只是填满图的话，那么星系的分布就会形成一个球状形态。

实际的观测结果却完全不是那样。尽管存在争议，哈勃的图表明，星系的退行速度与距离之间有正比例关系的倾向（在虚线和实线周围画的点）。但当哈勃发表含有此图的论文时，一部分天文学家非常惊讶，觉得那很荒唐。

局限于宇宙是静止且均一的宇宙论框架的几位著名天文学家对哈勃的发现展开了批评，他们指出退行速度与距离之间的误差太大，观测的准确度令人怀疑。诸如此类的

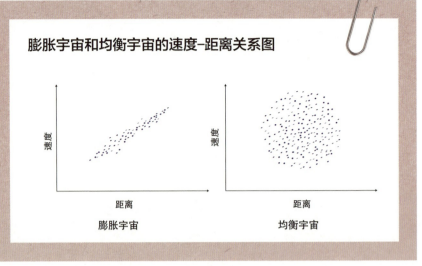

膨胀宇宙和均衡宇宙的速度-距离关系图

膨胀宇宙

均衡宇宙

批评也被人们合理接受了。

　　还有带着恶意的眼光进行批判的天文学家甚至从根源上怀疑红移现象，其中弗里茨·兹威基便是如此。当时，他因为发现了暗物质而非常有名，同时他也非常固执。

　　兹威基对哈勃的发现结果发表了恶语。他说："可以修正观测数据的一位年轻助手为了讨好哈勃，隐藏了数据的缺陷。"他还批评道："没有实际证据表明星系是运动的。红移不会产生径向速度，径向速度是因星系引力抢夺光的能量而造成的。"

　　哈勃为了使自己的观测结果更令人信服，便与赫马森一起对更多的星系进行观测，积累更多数据，进一步提高了观测结果的可信度。

　　为了求出到星系的距离和退行速度值，他们在第一篇

论文发表后的两年里进行了反复观测。1931 年，他们公布了星系观测结果，那些被测星系的距离是 1929 年论文中公布的星系距离的 20 倍。

因为观测的星系距离更远，所以可以判断在 1929 年论文中提出的速度-距离关系，在更加遥远的星系是否也成比例关系。随着观测星系数量增多，也可以更加准确地衡量比例式的误差范围。

1931 年发表的观测结果令人吃惊：速度-距离之间的正比例关系也完全适用于更加遥远的星系。从更大范围来看，点与点之间的误差变小了，与表示速度-距离关系的实线更接近了。新的观测结果一出现，几乎没有一位天文学家能够否认表示速度与距离之间存在关系的哈勃定律。接下来的问题就是如何解释说明，因为对哈勃定律的解读会撼动绝对不能被打破的宇宙论框架，即宇宙是静止且均一的。

哈勃定律为什么存在，此法则到底意味着什么？天文学家的疑问转移到这个问题上。速度-距离关系在不知不觉中成为哈勃定律，距离越远的星系会以越快的速度远离我们这个事实已被大家接受。

爱因斯坦的困境

1931 年 2 月 3 日，威尔逊山天文台内的图书馆里突然

哈勃和赫马森 1931 年发表的论文中的图

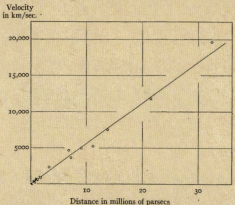

THE LUMINOSITY FUNCTION OF NEBULAE

In addition to the evidence on luminosity derived from nebulae in which stars can be identified, absolute magnitudes may be found

Fig. 5.—The velocity-distance relation. The circles represent mean values for clusters or groups of nebulae. The dots near the origin represent individual nebulae, which, together with the groups indicated by the lowest two circles, were used in the first formulation of the velocity-distance relation.

哈勃与赫马森在发表 1929 年论文《河外星系退行速度与距离之间的关系》后，又重新观测了距离是以前 20 倍的遥远星系。1931 年，他们以此观测结果为基础发表论文表示，在距离更远的星系，径向速度与距离仍然成正比例关系

挤满了许多记者，他们在那里等候着爱因斯坦和哈勃的到来。在那一天，爱因斯坦表示将撤回自己1917年提出的"静态宇宙模型"，并表示为了维持静态宇宙模型而引入的"宇宙常数"也没有存在的必要了。他同时承认，哈勃发现的星系退行速度与星系距离之间的关系（星系的退行速度＝哈勃常数 × 星系距离）才是证明宇宙膨胀的证据。

爱因斯坦支持宇宙膨胀论是大爆炸宇宙论得以孕育的具有象征意义的事件。也因为这样，哈勃变得更加有名，但是到大爆炸宇宙论在现代宇宙论中占据重要位置，还有一段艰难的路要走。

爱因斯坦虽然承认哈勃的发现是证明宇宙膨胀的证据，但实际上，尽管哈勃展示了自己发现的星系速度与距离之间关系的物理意义，他还是小心谨慎地坚持着自己的立场。因为说不定从实际观测家的立场来看，他们也许很惬意地享受着理论家提出的各种解释。

那么，哈勃定律为什么能成为宇宙膨胀的证据呢？能使聪明绝顶的爱因斯坦打破并撤回自己曾经那么坚信的宇宙论框架——静态宇宙模型，哈勃定律的厉害之处到底是什么呢？

尽管在发现哈勃定律时，标准的宇宙论是静态宇宙模型，但实际上那时就已经提出过宇宙膨胀或者其他创造性的理论了，爱因斯坦正处在这个始发点。爱因斯坦

爱因斯坦的广义相对论打破了牛顿所持的宇宙是绝对不变的、静止的观点。与牛顿所理解的宇宙不同，爱因斯坦认为的宇宙可以根据时间的流逝进行收缩或膨胀，这是具有划时代意义的重要内容

1905 年提出了狭义相对论，1915 年提出了广义相对论。他提出的这些理论从根本上动摇了当代科学家关于宇宙的观点。

狭义相对论认为时间和空间各自不是独立的，而是以四维时空的形式联结在一起。物质与能量彼此不是不同，而是"相同的东西不同的形态"。而且，时间、空间和质量不是固定不变的，而是可以根据不同的物理状态转换。

广义相对论认为，四维空间本身是被物体决定的。当客体存在于四维时空中时，四维时空会因客体的质能而产生弯曲，客体的质能越大，时空的弯曲程度越大。爱因斯坦把这个四维时空的弯曲现象称为引力。

在牛顿提出的万有引力中，认为拉扯物体的力为引力。但爱因斯坦没有"力"这个概念，他根据四维时空的弯曲程度引入曲率，对引力进行说明。曲率是以几何学为基础的。

物体根据四维时空的曲率进行运动。在四维时空中，物体的存在创造了四维时空，四维时空的弯曲程度不能决定运动，只能决定运动的状态。四维空间和其中的物体会相互作用，彼此联结为一体，具有实体的概念。天文学家约翰·惠勒对这种情况做出了如下描述："质量告诉时空怎样进行弯曲，时空告诉质量怎样进行运动。"

爱因斯坦尝试将自己的广义相对论应用于整个宇宙。

从那时起，人类开始总结自身对宇宙的看法，逐步确立起了发展的宇宙论。在此之前，人们认为宇宙的研究对象主要是太阳系，无论怎样扩大观测范围，都没能突破它。但是，爱因斯坦通过广义相对论，拓宽了宇宙的观测范围，建立了一个可以用理论诠释的全宇宙模型，这在人类智慧史上是革命性的事件。

爱因斯坦广义相对论发表的那一刻，他自己还未清楚地认识到，自己已经打破了牛顿所提出的宇宙是不变的、静止的观点。与牛顿所理解的宇宙不同，爱因斯坦认为的宇宙可以根据时间收缩或膨胀，这是具有划时代意义的重要内容。在静态宇宙模型中，如果空间可以变的话，就不存在宇宙自身的膨胀或收缩这一可能性了。

爱因斯坦也没有摆脱当时的宇宙论框架——"静止的宇宙"。1917 年，爱因斯坦从宏观范畴出发，将宇宙空间和物质分布均匀且在宇宙任何方向都显示一样性质的"宇宙原理"加上广义相对论的假定，构建出了自己的宇宙方程式。当解出宇宙模型的方程式时，他得出结论：宇宙的状态会随着时间的流逝而产生不稳定的变化。

随着时间的流逝，宇宙的所有物体会对其他物体产生引力性影响，如此一来，所有物体会往同一处收缩，最后宇宙模型将会面临崩溃的危险。但是受当时观测技术的限制，无论怎样看天空，宇宙都没有任何运动，显得静止且

这是哈勃空间望远镜拍摄的阿贝尔 1689 星系团的模样。通过引力透镜，可以看到位于这个星系团远后方、属于其他星系团的河外星系呈现出电弧形状，以同心圆形态模糊地高挂着

引力透镜效应

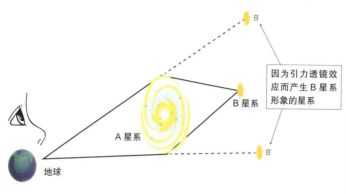

因为引力透镜效应而产生 B 星系形象的星系

由爱因斯坦的相对论可知，有质量的所有天体周围的空间会根据该天体的质量大小产生不同程度的弯曲。我们观测 A 星系时，若 A 星系不弯曲，呈平坦状，那么我们绝对看不到位于 A 星系后方的 B 星系。但是如果 A 星系周围的空间发生了弯曲，位于远处的 B 星系光线会根据 A 星系的弯曲程度衍射而来，那么我们就可以看到位于 A 星系后方的 B 星系形象的星系 B′。正如透镜使光产生弯曲一样，A 星系也具有同样的作用。像这样使空间产生弯曲的现象，我们称为引力透镜效应平稳。爱因斯坦也被当时的宇宙框架束缚住了。

震惊的爱因斯坦为了阻止宇宙模型的崩溃，在自己建立的方程式中引入了名为"宇宙常数"的任意数字∧——其实在物理上完全不需要宇宙常数，它的引入只是为了与宇宙的基本框架吻合，从而维持宇宙的"静止状态"。宇宙常数能使宇宙从引力崩溃中摆脱出来，但它的作用也只在方程式中体现出来。

通过相对论引起科学革命的爱因斯坦依然没能摆脱时下的宇宙框架的局限。他没能对宇宙常数做物理学上的解释，仅仅是将宇宙常数代入方程式，使方程式所体现的宇宙能够维持静止状态。虽然爱因斯坦自己也认为宇宙常数的引入破坏了广义相对论的数学完美性，但还是为其所达到的效果感到满意。

弗里德曼的三大宇宙模型

大爆炸宇宙论的核心是宇宙膨胀。第一次系统提出宇宙膨胀模型的人是俄罗斯天体物理学家亚历山大·弗里德曼。他以爱因斯坦的广义相对论为基础，探求如何用数学方式说明宇宙正在膨胀。弗里德曼不太相信宇宙常数的作用，他沉迷于破解爱因斯坦之前没有引入宇宙常数的方程式。

"但是，为什么宇宙收缩后并没有萎缩，

仍然维持着平稳状态呢？

要想与观测数据吻合，

只能引入

'宇宙常数（∧）'！"

从这些方程式中，弗里德曼提出了三种宇宙模型。他根据宇宙的四维空间与四维空间物质的关系，发现可能存在三种模型。

第一种宇宙模型是宇宙空间被物质（星球或星系）完全填满。宇宙中有许多星球和星系，宇宙的平均密度维持在很高的水平。星球和星系多的地方，引力就大，这股引力会拉拽其他星球和星系。在这种情况下，宇宙从初期就开始膨胀，到了特定时间点，膨胀会停止，宇宙开始坍缩，宇宙时空缩小，并往一处聚拢。这种宇宙被称为"封闭宇宙"。

亚历山大·弗里德曼

第二种宇宙模型是宇宙中星球和星系的数量不足，引力只能达到刚好使宇宙膨胀停止的程度。这样的宇宙在初期没有能使宇宙膨胀停止的动力，它将会一直膨胀。这样的宇宙被称为"开放宇宙"。

在第三种宇宙模型中，宇宙的平均密度是均衡的。宇宙空间中的质量总数和膨胀趋向如果接近平衡的话，因自身的引力，宇宙的膨胀速度会向着临界速度逐渐变慢，从而慢慢地进行膨胀，这种宇宙被称为"平坦宇宙"。

弗里德曼三大宇宙模型最重要的一点在于，宇宙空间会根据时间而产生变化。这得益于相对论已经从理论上证明，四维时空本身会收缩和膨胀。因此，弗里德曼可以算是为宇宙膨胀理论以及大爆炸宇宙论的进一步发展奠定了理论基础。他挑战了当时宇宙框架下静止的宇宙，也对爱因斯坦的静态宇宙模型提出了反对意见。

爱因斯坦当然不会满意弗里德曼的研究结果。他指出，弗里德曼的宇宙模型存在数学上的缺陷，并急于对弗里德曼的理论进行批评攻击。这是因为，爱因斯坦对不符合自己静态宇宙模型的宇宙模型带有强烈的偏见，然而，弗里德曼的数学计算并没有错误。最终，爱因斯坦虽然承认弗里德曼的数学计算是正确的，并为自己的行为道了歉，但他坚决不承认弗里德曼的模型是科学而正确的。

即使到了 20 世纪 20 年代初期，也没有任何观测证据

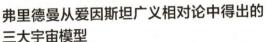

弗里德曼从爱因斯坦广义相对论中得出的
三大宇宙模型

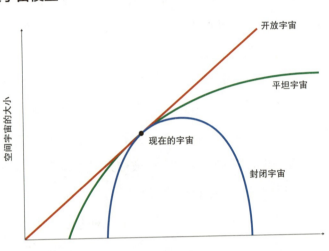

可以支持弗里德曼宇宙模型推测的事实之一,即"宇宙可能是膨胀的"这个观点。尽管如今我们将弗里德曼发现的三大宇宙模型当作宇宙大爆炸的理论基础,但是当时即便他是最优秀的科学家,也受到了爱因斯坦的排斥和抵制,同时被人们遗忘。

面对爱因斯坦的指责,弗里德曼并没有屈服,仍然兢兢兢业业地进行研究。1925 年，他因病去世，其研究成果随之被湮没。对当时的科学界来说，弗里德曼"宇宙随时间而产生变化"的宇宙模型，是不是想接受也有点心有余而力不足呢？一直到 1935 年，他具有先驱性的研究才被霍华德·罗伯逊和阿瑟·沃克继承。

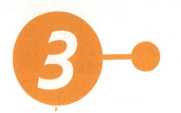

膨胀宇宙的发现

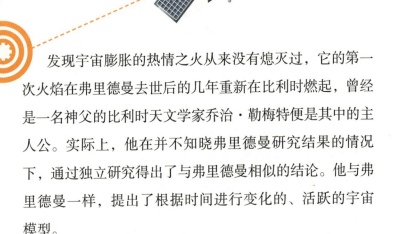

发现宇宙膨胀的热情之火从来没有熄灭过，它的第一次火焰在弗里德曼去世后的几年重新在比利时燃起，曾经是一名神父的比利时天文学家乔治·勒梅特便是其中的主人公。实际上，他在并不知晓弗里德曼研究结果的情况下，通过独立研究得出了与弗里德曼相似的结论。他与弗里德曼一样，提出了根据时间进行变化的、活跃的宇宙模型。

乔治·勒梅特一开始在比利时鲁汶大学学习。起初学的是工科，后来学习了理论物理学和神学。他曾在剑桥大学与亚瑟·艾丁顿爵士一起度过了一段时间，接着去美国的哈佛天文台进行观测研究，之后还去麻省理工学院深造。

乔治·勒梅特不仅对宇宙膨胀模型很感兴趣，同时也关心模型含有的物理意义。如果说弗里德曼的模型集中于满足数学上的自洽，那么乔治·勒梅特则更加专注方程式背后隐藏的物理学原理。

乔治·勒梅特认为，宇宙空间实际上正在膨胀，如果回溯至非常遥远的过去，整个宇宙只能在一个非常小的地方聚拢。如果现在的宇宙是根据时间进行膨胀的，那么在被称为膨胀的过去某个时刻，宇宙会聚拢在一处开始爆发。乔治·勒梅特认为，那一时刻就是宇宙开始之时。

爱因斯坦的自白

1927 年，乔治·勒梅特将说明自己宇宙模型的论文用法文刊登在了并不为人所知的比利时科学期刊《布鲁塞尔科学学会年鉴》上。该论文包含了宇宙在过去的某个时刻、某个奇点开始进行爆发式膨胀等内容。

在论文中，乔治·勒梅特接受维斯托·梅尔文·斯里弗发现的星系径向速度分布不均衡问题，观测出仙女星系为河外星系，并把哈勃 1925 年的发现"运动的宇宙"作为观测证据。他在自己的论文中解释道，退行速度是因为宇宙膨胀而产生的宇宙性效果；他也做出了推测，认为如果宇宙正在膨胀，那么星系的退行速度和星系距离也应该成比例。令人吃惊的是，在如今的大爆炸宇宙论中也有如此解释，哈勃在 1929 年将自己发现的星系距离与退行速度间的关系作为物理证据，更早地提出了此推测。

亚瑟·艾丁顿爵士从观测角度证明了爱因斯坦广义相对论，乔治·勒梅特曾与艾丁顿一起在英国的剑桥大学度过了一年时光。乔治·勒梅特把自己含有宇宙膨胀模型和关于宇宙开始的理论以及推测星系速度—距离间关系的论文给艾丁顿爵士看。但是，艾丁顿爵士对此并不关心，乔治·勒梅特的论文在当时的天文界鲜为人知，在历史的长河中逐渐被湮没。而 1927 年用法文刊登在比利时不知名的科学期刊上的论文，也没有引起多少人的兴趣。

在论文发表的同一年，乔治·勒梅特参加了在布鲁塞尔举办的索尔维会议，并见到了爱因斯坦。他向爱因斯坦解释说明了自己的宇宙膨胀模型，结果还是令人失望。爱因斯坦说，以前从弗里德曼那里听到过相同的话。乔治·勒梅特这才第一次知道弗里德曼做了些什么研究。爱因斯坦还是同以前一样，用对弗里德曼说过的恶语批评了乔治·勒梅特。他说："你的计算是正确的，但你的物理却是令人厌恶的。"

乔治·勒梅特备感挫折，因为被爱因斯坦拒绝就意味着被整个科学界拒绝。爱因斯坦主导了科学革命，改变了

索尔维会议

国际索尔维研究所致力于促进物理和化学的发展，它是由比利时实业家欧内斯特·索尔维凭借 1911 年第一届索尔维会议的成功举办而建立的。索尔维会议是世界上最早的物理学会议，只有受到邀请的学者才能参加。索尔维研究所主办了许多学术会议、研讨会和学术报告会。

1911 年后，索尔维会议每三年举办一次。其中，1927 年 8 月在布鲁塞尔举办的第五届会议在历史上最为有名。第五届索尔维会议以电子和光子为主题，在那场物理讨论中，爱因斯坦和玻尔成了主导人物。爱因斯坦参加了此会议，他强烈反对海森堡的不确定原理，并表示"上帝不会掷骰子"。对此，玻尔回答道："爱因斯坦，请不要对上帝指手画脚。"

下页图是第五届索尔维会议与会者的照片，分别是皮尔卡德、亨利厄特、埃伦费斯特、赫尔岑、顿德尔、薛定谔、费尔夏费尔德、泡利、海森堡、否勒、

第五届索尔维会议参加者（布鲁塞尔利奥波德公园）。该会议聚集了当代顶尖的科学家

布里渊、德拜、克努森、布拉格、克莱默、狄拉克、康普顿、德布罗意、波恩、玻尔、朗缪尔、普朗克、居里夫人、洛伦兹、爱因斯坦、朗之万、古伊、威尔逊和里查孙等当时最优秀的物理学家。1927年索尔维会议的29位参加者中有17位获得了诺贝尔奖，居里夫人是他们当中唯一一位既获得诺贝尔物理学奖又获得诺贝尔化学奖的科学家。

宇宙的固有框架，在不知不觉中，他成为制定标准定律的领袖式人物（当然，爱因斯坦对自己曾经的态度感到十分后悔）。失望的乔治·勒梅特不再进一步钻研自己的宇宙模型，他的研究至此被搁置了下来。

就这样，直到20世纪20年代中期，静态宇宙模型仍然牢牢地占据人们的思想。爱因斯坦的宇宙常数就像一个珍贵的守护天使一样，为了使宇宙不崩溃，忠实地维持着宇宙的静止状态。大多数科学家也接受了爱因斯坦静态宇宙模型方程式中宇宙常数存在的必要性。

以爱因斯坦广义相对论为基础而孕育出的宇宙膨胀模型，虽然直到那时还未成为宇宙理论的重要组成部分，但是经过弗里德曼和乔治·勒梅特的努力，已经逐渐构筑起坚实的理论基础，并不断发展。在此期间，哈勃和赫马森正在威尔逊山天文台使用100英寸口径的胡克望远镜夜以继日地进行观测研究，一场革命悄然来临。

之前介绍的哈勃在1929年论文中发表的观测结果改变了所有陈旧的基准，成为天文学革命的开端，也深深震撼了以爱因斯坦为首的科学家。再加上哈勃和赫马森1931年的论文对"哈勃定律"的描述再一次确认了经验法则的正确性，之前对哈勃观测过程提出的疑问也逐渐失去了说服力。接下来，如何对论文中留下的信息进行解释就成了一个大难题。

爱因斯坦（左）在威尔逊山天文台与哈勃（中）一起观测宇宙

　　1931 年，爱因斯坦迎来了安息年 [1]，暂时在美国加州理工学院停留。有一天，哈勃邀请爱因斯坦前往威尔逊山天文台。哈勃向他展示了 100 英寸口径的胡克望远镜，并就被观测过程向他做了仔细的说明。爱因斯坦与赫马森很长一段时间都待在一起，他亲眼看到了哈勃求星系退行速度和距离时所用的底片。他也阅读了包含哈勃和赫马森观测结果的论文，看了他们观测时使用的装备和观测数据原件。

　　终于，爱因斯坦的内心开始动摇。正因为如此，才有

1　安息年：在摩西法律下，以色列的一种习俗。每隔六年后的一年时间里不事工作、耕种和劳动等。——译者注

爱因斯坦和勒梅特（中）

前文提及的 1931 年 2 月 3 日，爱因斯坦对聚集在威尔逊山天文台的记者宣布将撤回自己的宇宙静止论的一幕。在那一天，爱因斯坦承认了宇宙正处于膨胀当中，宣告了宇宙膨胀这个事实。他说道，哈勃的观测结果可以作为宇宙膨胀的充分证据，自己方程式中任意引进的宇宙常数应该被废除。同时他还说："引进宇宙常数是我人生中最大的错误。"

爱因斯坦是真正的科学家，拥有伟大的科学精神，这可以从他在新的科学成果面前能够坦然地承认自己学术上的错误中看出。爱因斯坦广义相对论中孕育出的宇宙膨胀理论基础与哈勃的观测证据相结合，促成了大爆炸宇宙论的诞生，这具有重大的历史意义。如今，哈勃的"发现"名副其实成了"定律"，大爆炸宇宙论也成为现代标准宇宙论的基础。

弗里德曼和乔治·勒梅特推测宇宙膨胀的研究迎来了新的曙光。艾丁顿爵士对曾经忽视乔治·勒梅特论文一事进行了道歉，并把勒梅特的论文翻译成英文介绍给大众。1931 年，乔治·勒梅特的研究在科学期刊《自然》上用英文刊登了出来。

1933 年，在美国帕萨迪纳举行的会议上，乔治·勒梅特在爱因斯坦和其他科学家面前自信满满地发表了大爆炸宇宙论。1927 年说他的研究令人厌恶的爱因斯坦，在这次会议上积极肯定了他的理论。从表面上看来，大爆炸宇宙论终于取得了胜利，可实际上，真正艰难的战争序幕才刚刚拉开。科学界的大多数科学家正开始准备攻击大爆炸宇宙论的新武器。

像气球一样变大的宇宙

现在我们来仔细看看哈勃的发现，即哈勃定律所包含的物理意义。乔治·勒梅特在 1927 年的论文中推测，如果宇宙正在膨胀，那么星系的退行速度和星系距离也应该成比例。他怎么会得出这样的结论呢？当然，勒梅特可以通过解广义相对论方程式进行这样的推论。但是，通过简单的推论，也可以追溯他所采用的方式。

想象一下这里有一把用橡胶制成的尺子，它以 1 厘米为间隔，刻上 0、1、2、3 等刻度。1 秒内抓住并拉扯橡胶尺，让尺子的长度变为原来的 2 倍，接下来会发生什么呢？

本来刻度 0 和刻度 1 之间的距离是 1 厘米，1 秒后，橡胶尺变长为原来的 2 倍，它们的距离也扩大至 2 厘米，刻度间的实际距离增加了 1 厘米。我们再比较一下刻度 0 和刻度 2 之间的距离。本来刻度 0 与刻度 2 之间的距离为 2 厘米，橡胶尺拉长为原来的 2 倍后，刻度 0 和刻度 2 之间的距离成了 4 厘米，它们之间的距离实际增加了 2 厘米。无论是刻度 0 和刻度 1 之间的距离，还是刻度 0 与刻度 2 之间的距离，都是按 2 倍的比例在增加。但是仔细看看增加的长度，刻度 0 和刻度 1 之间的距离增加了 1 厘米，而刻度 0 和刻度 2 之间的距离却增加了 2 厘米。

我们从刻度 0 出发，比较一下紧贴在它旁边的刻度 1 和离它稍微有点远的刻度 2 的情况。橡胶尺在 1 秒内变长为原来的 2 倍，表明所有的刻度增加为自身的 2 倍时所花费的时间是相同的 1 秒。刻度 0 到刻度 1 之间的距离原来

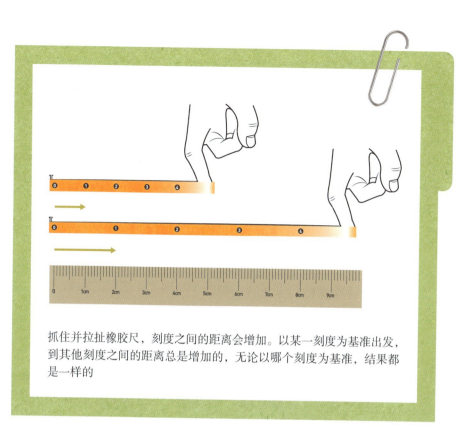

抓住并拉扯橡胶尺，刻度之间的距离会增加。以某一刻度为基准出发，到其他刻度之间的距离总是增加的，无论以哪个刻度为基准，结果都是一样的

是 1 厘米，但是 1 秒后，从刻度 0 出发来看，刻度 1 移动到与刻度 0 相距 2 厘米的位置，可以看出刻度 1 相比原来离刻度 0 远了 1 厘米。当然那并不是刻度 1 移动了，而是橡胶尺整体变长了，刻度 1 与刻度 0 之间的距离自然也就移动了。总的来说，从刻度 0 出发来看，刻度 1 在 1 秒内远离了它 1 厘米。

我们把一定时间内移动的一定位移称为"速度"。如果每移动 1 厘米需要 1 秒钟的话，刻度 1 就可以被称为以每秒 1 厘米的方式远离刻度 0。但是从刻度 0 出发来看，刻度 2 在 1 秒内移动了 2 厘米，这意味着它是以每秒 2 厘米的速度移动的。从刻度 0 出发来看，我们可以知道较远处的刻度 2 比较近处的刻度 1 离刻度 0 远。

同样的推测也适用于以刻度 1 为基准的情况。如果以刻度 1 为基准，刻度 0 在 1 秒内远离了 1 厘米，换算成速度，即每秒 1 厘米。刻度 2 在 1 秒内移动了 1 厘米，即它以每秒 1 厘米的速度移动。刻度 3 与刻度 1 之间的距离为 2 厘米，一秒后就变为 4 厘米，实际变长了 2 厘米。那么，从刻度 1 来看，刻度 3 以每秒 2 厘米的速度远离刻度 1。

最后无论以哪个刻度为基准，距离相同的刻度会以相应的速度移动，离基准刻度越远，移动速度就越快。并且如果橡胶尺的长度继续变长，刻度点之间就会逐渐远离彼此，刻度间的距离会变大，随后会自然而然向着远离方向直行。无论把谁作为基准点，结果都是一样的。

在把橡胶尺这个例子代入宇宙之前，我们利用膨胀的气球表面，重新整理说明一下宇宙空间膨胀这个概念。事实上，艾丁顿爵士为了说明宇宙膨胀的概念，也使用了橡胶气球这个比喻。如果把橡胶尺比喻成一维空间的话，气球表面就是二维空间，我们生活的实际宇宙则是时间与空间交叠而成的四维时空。用膨胀的实例来说明四维时空是很恰当的，但是把我们生活的四维时空以客观角度进行视

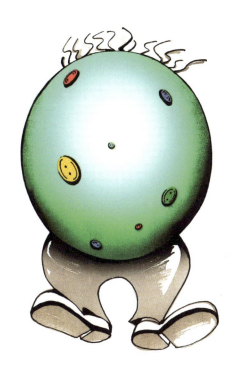

将宇宙膨胀视觉化呈现出的橡胶气球

觉化几乎是不可能的，所以我们只能用二维空间做比喻。

我们假设没有空气的气球表面粘贴着几颗纽扣。往气球里注入空气，气球表面就会鼓起，面积也会变大。请注意，随着气球表面鼓起，它表面所粘贴的几个纽扣间的距离也会变大。纽扣自身是静止的，只是处于气球表面的它们随着表面的增大（即膨胀），彼此之间的距离也变大了。

我们将橡胶尺上的刻度换成纽扣想想看。无论以哪个纽扣为基准，从该纽扣出发，其他纽扣都会随着橡胶气球的膨胀而远离基准纽扣。如果借用橡胶尺的结果来说明，相比较近处的纽扣，较远处纽扣的远离速度会更快；距离越远，远离的速度会越快。橡胶气球膨胀后，不会有彼此靠近的纽扣，无论以哪个纽扣为基准，结果都是相同的。

把橡胶尺和气球这两个比喻运用到星系中，会怎样呢？首先要以宇宙空间本身是膨胀的为前提。20世纪20年代后期，我们就已经知晓：从广义相对论出发，宇宙空间本身是膨胀的这一点从理论上来看是有可能的。星系或许是静止不动的，宇宙空间却正在膨胀，这在理论上完全没有问题。联想到橡胶尺的变长或者气球表面的膨胀就很容易理解。星系就同橡胶尺上的刻度和气球表面的纽扣一样。

宇宙没有中心

随着宇宙空间本身的膨胀，星系就像气球上的纽扣一样彼此互相远离。无论以哪个星系为基准来观测其他星系，相距越远的星系会以更快的退行速度移动。即使换了基准星系，也会得到相同的结果。这意味着什么呢？与前人的想法不同，这意味着宇宙其实是没有绝对中心的，只是观测者误认为自己所处的观测点是宇宙中心罢了。

别的观测者也会有相同的结果。如果其他河外星系中也有天文学家，他们也会同生活在地球上的天文学家一样得出相同的观测结果。在膨胀宇宙中，星系的退行速度与星系距离之间存在正比例关系，哈勃定律适用于全宇宙。

宇宙空间膨胀后，无论从宇宙的哪一个位置进行观测，所有星系都只有退行速度。因此维斯托·梅尔文·斯里弗观测到的径向速度分布不均衡问题，如果以宇宙空间本身是膨胀的为前提，就很容易解决。哈勃定律也认为径

向速度分布不均衡问题是由宇宙膨胀的根本属性引起的。

我们再来看看哈勃 1929 年论文里的图。里面没有距离我们较近、退行速度快，或者距离我们较远、退行速度慢的星系，这是由宇宙膨胀的属性自然而然产生的结果。最终，乔治·勒梅特在 1927 年的推测被哈勃 1929 年的观测证明。因此，也有一部分天文学家把哈勃定律称为乔治·勒梅特—哈勃定律。

这里还有一个需要确定的地方。星系的退行速度可以通过红移值求出，那么怎样把宇宙膨胀和红移联系起来进行说明呢？前面我们已经介绍过，星系的退行速度可以利用多普勒效应测定出来，但深究的话，那是属于宇宙论中的红移效应。即在宇宙论中，通过测量红移的大小，可以求出星系的退行速度。

多普勒效应是波源和观察者有相对运动时，观察者接收到的波的频率与波源发出的频率并不相同的现象。但宇宙中的星系并非单独地运动着，而是由于宇宙空间的膨胀而彼此互相远离。红移产生的原因虽然与多普勒效应产生的原因不同，但从效果上来看是一致的。红移产生的原因是宇宙空间的膨胀，我们把这种现象称为"宇宙论上的红移现象"。

如果固守宇宙静止论，哈勃定律就难以进行解释说明。但是，如果接受宇宙空间是膨胀的这个事实，哈勃定

宇宙论上的红移现象

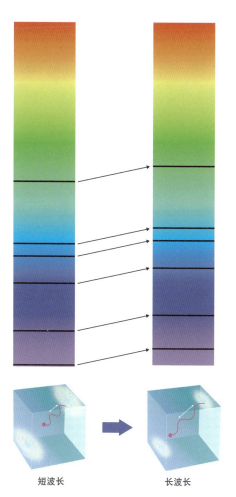

短波长　　　　　　　　　长波长

远处的河外星系随着自身的远离会产生红移现象。在宇宙中，星系不是单独地运动，而是由于宇宙空间的膨胀而彼此互相远离，我们把这种现象称为"宇宙论上的红移现象"

律就理所当然成了它的物理结果。在膨胀宇宙中，星系会彼此互相远离，无论观测哪一个星系，得到的结果都是一样的。在宇宙中，虽然存在观测的基准点，但宇宙是没有绝对中心的。

彼此远离指的究竟是什么与什么远离呢？是星球与星球之间，还是星系与星系之间？在宇宙中，相比个别星系，星系团与星系团之间的远离更为普遍。只有那样的规模和大小才能对膨胀的速度产生影响。

相比能对宇宙膨胀速度产生的影响，星系与星系之间更重要的是将各自的引力作用于宇宙。星系与星系之间在引力上形成的自引力束缚体系，根据其规模大小称为"星系群"或"星系团"。仙女星系与我们生活的银河系都属于本星系群，即仙女星系与我们生活的银河系彼此会产生引力影响，实际上，这两个星系会彼此靠近。本星系群形成一个巨大的星系团，共同参与宇宙的膨胀。更为准确地说，本星系群也在一个更大星系团的影响下进行运动。

不知不觉中，哈勃 1929 年论文中的那张图已经成为展示宇宙膨胀观测证据的很重要的图。以宇宙膨胀为基础形成的这个新宇宙论，作为当代标准宇宙论，不断地与过去的静态宇宙模型进行抗争。人们已经通过观测证明，宇宙不再是静止不动的，正如前文所述，仅仅用这一张图并不能说明宇宙膨胀理论取得了完全胜利，还有许多奥秘隐藏在此图背后，等着被揭开。

如果宇宙空间本身是膨胀的，那么无论何时，都应该有开始膨胀的那一刻。试着想象一下，假设过去的宇宙只有我们现在生活宇宙的一半大小，以宇宙正在膨胀为前提，那么过去的宇宙无论什么时候都会比现在的宇宙小。另外，过去星系间的距离也只有现在宇宙的一半，即过去星系间的距离比现在的距离更近。用这种方式将时间回溯至更遥远的过去，我们也许会与更小的宇宙相遇。分布在宇宙各处的星系之间的距离，也比现在更近，一直将时间回溯，宇宙会变得更小。

如果那样的话，是不是在某一刻，宇宙曾全部聚拢形成一体呢？那一刻是否就是宇宙膨胀的开始呢？哈勃的观测暗示了宇宙开始的那一刻，我们把宇宙膨胀开始的时间称为"宇宙大爆炸时刻"。从那一刻开始，宇宙便处于不断膨胀中，最终变成了如今这样广阔的宇宙。

以前的人们相信宇宙既没有开始，也没有结束，宇宙是永恒不变的。但哈勃的观测表明，宇宙是有开始的。换言之，宇宙是有限的，它会一天一天变老。宇宙从开始膨胀之时到形成如今这种样貌，所经过的时间就是现在宇宙的年龄。随时间流逝，宇宙不断膨胀，并产生变化。哈勃发现宇宙是膨胀的这个事实使静止、永恒不变的宇宙论不

室女座星系团是离我们最近的星系团，也是研究宇宙时的重要天体

再有栖身之所。我们生活的宇宙不是永恒不变的，它有开始之时，并处于不断变化、活跃的四维时空中。

宇宙膨胀，解决奥伯斯佯谬

让我们再一次回顾"奥伯斯佯谬"。奥伯斯认为，宇宙气体和宇宙尘形成的星际云填充了星球距离之间的空间。填满宇宙空间的星际云如果吸收星光，那么宇宙中的所有星光将无法到达地球，其结果是地球的夜空会呈现黑暗状态。但是，吸收星光的星际云会以不同的波长将光放射出去，对此，奥伯斯并不知情。也就是说，虽然奥伯斯对于星际云作用的推测是正确的，但因星际云再次放射亮光，地球的夜空也有可能不是黑暗的。

根据大爆炸宇宙论，宇宙的年龄是有限的，光在一定时间内行进的距离是有限的。因此，在有限的宇宙年龄中，只有有限个数的天体放射出的光到达地球。另外，受到宇宙膨胀的影响，较远处天体放射出的光会引起红移现象，因此到达地球的光减少。

结论是，宇宙膨胀成为地球的夜空变得黑暗的唯一根据。

星际云
星系里气体、等离子体、宇宙尘的结合体。这里星际物质的分布密度高于周边。

只要宇宙是可膨胀的，那么宇宙中所有光线的强度和亮度不受任何阻碍、完完整整地到达地球是不可能的，奥伯斯所担忧的便是多余的。

奥伯斯佯谬认为宇宙是无限的、静止的，但以宇宙膨胀为基础的大爆炸宇宙论轻易地解答了这一曾被认为难以解决的问题。无限的、不变的宇宙体系转化为有限的、膨胀的宇宙体系，这一佯谬已经不再是佯谬，而完全成为常识。

我们再次回想一下哈勃论文中的图，在这张图中可以找到河外星系退行速度与距离之间的关系式。其中以哈勃的名字命名的倾斜率表中的回归曲线斜率叫作"哈勃常数"，一般用 V 表示河外星系的退行速度，用 D 表示星系距离，用 H_0 表示哈勃常数，右下角的 0 表示"现在"这个时间节点，这是因为哈勃常数是随时间流逝而改变的数值。某些时候，相对来说，宇宙是慢慢膨胀的，而从另外的视角来看，宇宙也可能是快速膨胀的。基于此，从宇宙的不同视角来看，既定的哈勃常数数值是不同的。下面的方程式表示哈勃定律：

河外星系的退行速度 = 哈勃常数 × 星系距离
$$V = H_0 \times D$$

猎户座星云距离地球 1 500 光年，是宇宙中最纷繁耀眼的星云

所谓哈勃定律，即河外星系的退行速度与距离成正比。根据哈勃定律，如果知道星系之间的距离，就可以计算出河外星系的退行速度。相反，通过探测星系的红移值，得知退行速度，也可以计算出星系距离。最关键的是测定精确的哈勃常数值，因为红移值的测量误差不大。一般来说，哈勃常数的精确度可以用来估计通过哈勃定律求得的星体距离的准确度。

1929 年哈勃写论文时提出，要求出哈勃常数值，需要先求星系的退行速度与距离，再找出退行速度与距离之间的关系式，算出回归曲线斜率。此时，哈勃常数的正确性取决于星系距离与红移值二者的精密度，重要的是提高各个变量的测量精确度。一般来说，比起测量星系距离，测量红移值更简便。因此，哈勃常数值的精确度常常取决于星系距离的测量误差。

1929 年，在哈勃的论文图中，横轴表示星系距离我们的距离，其单位是 Mpc；纵轴表示河外星系的退行速度，其单位是 km/s。哈勃根据实线和虚线，求出退行速度与距离之间关系式的斜率，大约是 500km/（s·Mpc）。哈勃在论文中将这个数值作为准则，这是他当时测量出的哈勃常数值。通过哈勃常数可以求出宇宙的膨胀率，即宇宙的膨胀速度。

那么，哈勃常数值 500km/（s·Mpc）是什么意思呢？

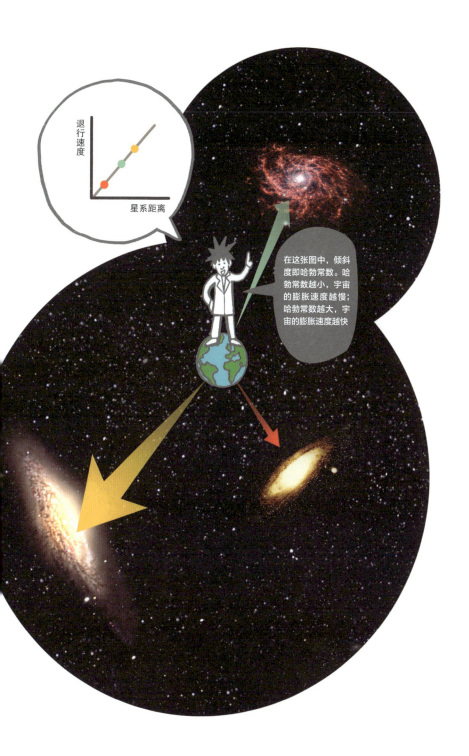

用橡胶尺或者气球为例的话就很容易理解。哈勃常数值是500，意味着距离 1Mpc 的星系以每秒 500 千米的速度远离我们，距离 100 Mpc 的星系的退行速度是每秒 5 万千米。假设哈勃常数值是 100，相距 1Mpc 的星系以每秒 100 千米的速度远离我们。概括来说，哈勃常数越小，宇宙的膨胀速度就越慢，哈勃常数越大，宇宙的膨胀速度就越快。

寻找宇宙的开端

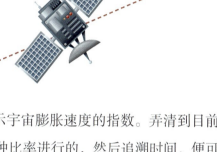

　　哈勃常数是显示宇宙膨胀速度的指数。弄清到目前为止宇宙膨胀是以某种比率进行的，然后追溯时间，便可得知宇宙膨胀开始的时间点。若能测量从开始到现在，即宇宙膨胀持续的时间，那么此时间便是宇宙的年龄。因此，知道宇宙常数，便可知道宇宙的年龄。

　　千米和Mpc都是距离单位，作为哈勃常数表示宇宙膨胀速度的数值，其倒数成为宇宙膨胀所经历的时间值。因此，哈勃常数的倒数也叫作哈勃时间。

　　哈勃时间是表示大致的宇宙年龄的数值。这里之所以说"大致"，是因为哈勃常数是以"现在"的视角定义的数值。假设从开始到现在，宇宙经历的全部时间是以相同的速度膨胀的话，那么无论是过去还是现在的任何一个时间点，哈勃常数都是相同的。基于此，哈勃常数的倒数，即哈勃时间正是宇宙的年龄。

回顾前文，宇宙膨胀随时间不同也在经历变化。在某一个时间点，宇宙可能在快速膨胀；在另外一个时间点，宇宙可能在慢慢膨胀。在这种情况下，利用哈勃常数的倒数求得的宇宙年龄，与真正的宇宙年龄是不同的。因此想准确求得宇宙的年龄，不仅要知道宇宙常数，还要知道宇宙的膨胀模式。也就是说，哈勃时间只能告诉我们大致的宇宙年龄。

在哈勃 1929 年的论文中，哈勃常数大约是 500km/（s·Mpc）。以论文中的测定值为基准，利用哈勃常数的倒数求得的哈勃时间，大约是 18 亿年。从宇宙大爆炸到现在所经历的时间即宇宙的年龄，还不到 20 亿年。

宇宙膨胀论挑战了当时声称"永恒不变的宇宙"的标准宇宙体系，它所提到的年龄是第一个具体的数值。但不管怎么说，18 亿年是非常小的数值。与现在我们认可的宇宙年龄是 137 亿～138 亿年相比，18 亿年是相差非常大的数字。

地球比宇宙还年长？

尽管当时只是假设，但是批判大爆炸宇宙论的人一开始就对哈勃常数倒数求得的哈勃时间，即宇宙年龄的测定值有意见。1931 年，哈勃和休·梅森通过观测结果，确定哈勃定律公式正确，观测误差也不再是问题。但是，当时的地质学家推测，地球上发现的最古老的岩石大约是 34 亿年前的。因此，矛盾产生了——宇宙的年龄比地球的年龄还小。无论是地质学家还是批判大爆炸宇宙论的学者，都无法接受这一结果。

当时反对大爆炸宇宙论的主流科学家以宇宙的年龄比地球小为借口，认为弗里德曼和勒梅特的宇宙膨胀模型存在错误。同时也有人认为宇宙的年龄是有限的这一说法本身就是错的，因为他们认为宇宙是静止且永恒不变的，这种说法盛行于当时的科学界。但是，他们也无法否定哈勃的发现，因为通过观测得出的结果——离地球越远的星系，红移值越大，意味着它们正以越快的速度远离，这是一个无可争议的事实。

因此，他们煞费苦心地想用静态宇宙模型而不是大爆炸宇宙论来说明这个观测结果，试图提出其他理论，以解释哈勃定律，但都无济于事。另外，利用放射性同位素测定的岩石年龄，在当时得到广泛的认可，看不出有什么误差。

这样一来，支持大爆炸宇宙论的爱因斯坦不能不担心。"利用放射性同位素的测定得到广泛认可，如果没有发现与之相反的结论，爆炸的模型将被否定，那么我也不知道有什么解决办法。"

当然，支持大爆炸宇宙论这一方极力想解决问题。办法之一是测定出宇宙年龄比之前的数值更大，即能够证明哈勃测定的地球与星系的距离或者退行速度是错误的。如果星系距离比哈勃测定的数值大，哈勃常数就会变小，哈勃时间就会增大，就能够证明宇宙的年龄比哈勃的测定值大。

若退行速度小于哈勃的测定值，结果也是一样的，这些都是可以证明宇宙年龄比测定年龄更大的方法。但是，哈勃的观测值与其他天文学家的观测结果大体相同，即使是顶尖的天文学家，也无法毫无根据地轻易怀疑哈勃的观测结果。

当科学家苦于寻找如何解决宇宙年龄这一难题的方法时，正值1942年第二次世界大战进行得如火如荼之际。哈勃也应召入伍，离开了威尔逊山天文台。当时，德国天文学家沃尔特·巴德也在那里工作。巴德在美国工作了10多年，但由于出生于德国而备受怀疑，因此不能参与军事性研究，也不能参战。在天文台工作初期，每到夜间，巴德就被勒令在家，禁止出行。当局政府确定他没有任何安全威胁之后，巴德才获得了自由，晚上也可以在天文台观测宇宙。

哈勃离开威尔逊山天文台后，巴德就可以尽情使用100 英寸口径的胡克望远镜了。当时正值战争时期，帕萨迪纳实行灯火管制。没有灯光的夜晚恰好给天文学家创造了最佳的观测条件。在这样的条件下，巴德使用世界上性能最优的望远镜和感光度最好的底片，从而获取了最清晰的天体照片。在战争时期，巴德继续他的天体观测事业。

1948 年，帕洛马山天文台安装了 200 英寸口径的海尔望远镜。这时，应征入伍的天文学家也重新回到天文台。不仅是重回美国的天文学家，利用胡克望远镜积累大量观测数据的巴德，也可以使用新安装的 200 英寸口径的海尔望远镜了。

巴德以这期间观测到的变星数据为基础，对哈勃测定的仙女星系与地球的距离提出了质疑。20 世纪 40 年代，他提出了两类星族的概念：一类是年轻的恒星，称为星族 I 星；另一类是年老的恒星，称为星族 II 星。星族 I 星中的恒星颜色更蓝，温度更高，更加耀眼。以此为基础，巴德认为造父变星也可以分为两类：I 型造父变星和 II 型造父变星。

在此之前，哈勃为了算出仙女星系距离，使用了造父变星光变周期这一关系式。巴德认为，当时哈勃并不知道造父变星可以分为两种类型，因此在计算仙女星系距离时

设置在帕洛马山天文台的 200 英寸口径的海尔望远镜

漏掉了一些东西。为什么他会如此认为呢？因为巴德了解到两种类型的造父变星有一样的周期，但是 I 型造父变星的"光度"更强。

哈勃在计算仙女星系距离时并不知道这一事实。他用星系中的造父变星求得"周期—光度"关系式，之后将

在仙女星系中发现的 I 型造父变星当作 II 型造父变星,以此计算出距离。比较同一类型的造父变量才可以正确计算距离,但是哈勃所比较的是不同类型的造父变星,因此计算出来的距离出现了误差。这样计算出的两种造父变星,无论是在星等上还是在距离上,都是不正确的。因此,他测量出的仙女星系与地球的距离比实际距离小。

巴德将两种类型的造父变星区分开来，为计算距离，着手重新调整标准刻度。通过这个方法，巴德可以再次计算仙女星系与地球的距离。仙女星系与地球的距离不是哈勃所说的 90 万光年，而是 200 万光年。哈勃把仙女星系的距离当作标准计算了其他河外星系的距离。因此与之前的数据相比，其他河外星系的距离增至原先的 2 倍。

与之相反，关于河外星系的退行速度，很多科学家反复进行观测，但是其观测值与哈勃的观测值别无二致。最后，星系的距离虽然增至原来的 2 倍，但退行速度没有变化，因此与之前相比，哈勃常数减小了一半，哈勃常数的倒数，即哈勃时间增至原来的 2 倍。以大爆炸宇宙论为基础观测的结果显示，宇宙的年龄增加到原来的 2 倍，即 36 亿年。如果把这个数字与地球上最古老的岩石的年龄做比较，也没有大的矛盾。因此，持大爆炸宇宙论的科学家可以从批评者的质疑声中脱身出来。

1952 年，在意大利罗马举行的学术会议上，学者正式将宇宙的年龄由原来的 18 亿年改为 36 亿年。对此，曾经批判大爆炸宇宙论的学者非常沮丧，哈勃则因为自己测定的仙女星系距离被认定是错误的而备受打击。可以看出，与宇宙论相比，哈勃更在意观测结果正确与否。虽然

巴德发现的两种造父变星类型

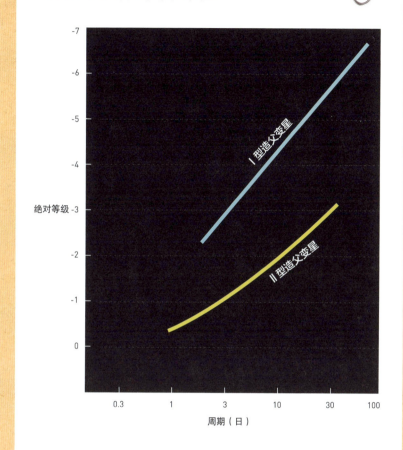

纵轴：绝对等级 -7, -6, -5, -4, -3, -2, -1, 0

I 型造父变星

II 型造父变星

横轴：周期（日）　0.3　1　3　10　30　100

大爆炸宇宙论得到了认可，但自己错误的观测结果使哈勃更伤心。

不同的是，巴德认为以前的观测结果有待于重新研究，发现问题就要及时纠正。事实上，观测天文学家应该具备这样的精神，而将这种精神付诸实践的正是巴德本人。

在宇宙年龄被确定为 36 亿年的两年后，巴德的学生——艾伦·桑德奇，传承老师的精神，通过不断探讨，不断观测，证实了宇宙的年龄为 55 亿年。到此，宇宙的年龄总算是比地球的年龄大得多了。此后，桑德奇继续进行星系距离的测定工作，逐渐解决了大爆炸宇宙论中的难题。

改变宇宙年龄的哈勃常数战争

如果说天文学中最重要的常数是哈勃常数，那么应该没几位天文学家会反对。这是因为哈勃常数可以左右星系之间的距离、星系的质量及物理量。根据宇宙大爆炸时间点、宇宙进化过程的不同，对宇宙年龄的推定也会不同。换句话说，只有知道正确的哈勃常数，我们才能准确了解宇宙的本质。

20 世纪 50 年代，艾伦·桑德奇在测定哈勃常数这一领域中起着非常重要的作用。1956 年，桑德奇计算出的哈勃常数是 180km/（s·Mpc），1958 年，改为 75km/（s·Mpc）。这两个数据与 1929 年哈勃在论文中提到的 500km/（s·Mpc）相比，显得非常小。直到 20 世纪 70 年代初，桑德奇将哈勃常数修订为 55km/（s·Mpc）。也就是说，天文学家推定的宇宙年龄在渐渐变大。

对球状星团的研究由来已久，当时属于这一星团的"老年星系"的年龄几乎都被认定在 250 亿年左右。为了与这种推定相适应，宇宙年龄的问题再次被提出，并朝着解决的方向发展。桑德奇一直在寻找消除宇宙年龄与最古老的星系年龄之间的差异，因此更加偏向较小的哈勃常数。最终，桑德奇将哈勃常数值确定为 50km/（s·Mpc）。

但 1976 年，法国天文学家热拉尔·德沃库勒宣称哈勃常数值超过 100km/（s·Mpc），"哈勃常数战争"自此开始。问题出现了：由这个数值算出的宇宙年龄比"老年星系"的年龄还小。这是一个使大爆炸宇宙论陷入困境的结果。

年轻的天文学家开始将新的观测数据与以往的方法相结合计算哈勃常数值，但得出的哈勃常数值与热拉尔·德沃库勒所说的 100km/（s·Mpc）相近。由此出现了以热拉尔·德沃库勒为中心支持哈勃常数值是 100km/（s·Mpc）的阵营，以及以桑德奇为中心支持哈勃常数值是 50km/（s·Mpc）的阵营。两个阵营的天文学家坚称各自的数据是正确的，长达几十年的口水战由此开始。

两个阵营的天文学家对计算星系距离方法的准确度、观测数据以及对样本数据处理时的修正方法和范围等意见不一，并且都坚持各自的观点，从不让步。其至有传闻说桑德奇和热拉尔·德沃库勒的学术争论中介入了个人成见。关于哈勃常数的战争，年复一年地持续着。

两个阵营所使用的观测数据和基本距离计算方法几乎相同，但得出的哈勃常数值大相径庭。原因多样，最核心的区别在于对原始数据的修正方式和修正范围不同。热拉尔·德沃库勒阵营认为观测数据近乎完整，只做了最小限度的修正计算出哈勃常数值；相反，桑德奇阵营认为观测数据有许多缺漏，并使用不同的方法将其修正后才计算出哈勃常数值。理解观测数据的核心观点和哲学解释有一定的差异。

20 世纪 60 年代至 90 年代初期，大部分哈勃常数值被界定在 50km/（s·Mpc）~100km/（s·Mpc）。双方阵营所主张的哈勃常数在 50km/（s·Mpc）至 100km/（s·Mpc）区间集中出现。20 世纪 90 年代初期，包括球状星团在内的"老年星系"的年龄被确定为 160 亿年 ~180 亿年。

哈勃常数不同，所推出的宇宙模型也不同。当哈勃常数为 100km/（s·Mpc）时，计算的宇宙年龄约为 100 亿年；

而当哈勃常数为 50 km/（s·Mpc）时，计算的宇宙年龄约为 200 亿年。也就是说，当哈勃常数为 50 km/（s·Mpc）左右时，可勉强不与球状星团的观测结果出现矛盾。但由来已久的是，天文学界认为桑德奇的观测数据过于主观的批判声此起彼伏。由于各种原因，宇宙年龄这一难题一时找不到解决的方案。从 20 世纪 90 年代中期开始，哈勃常数值被暂定在 55km/（s·Mpc）~ 80km/（s·Mpc）。

1985 年，在美国科罗拉多州阿斯彭物理中心举行了重要的会议。那时，美国国家航空航天局（NASA）正准备发射新的空间望远镜。为纪念哈勃的重要功绩，这台望远镜被命名为"哈勃空间望远镜"。精确计算哈勃常数是哈勃空间望远镜的核心研究课题之一。天文学家集聚一堂，就这个问题展开了讨论。

之后，以哈勃空间望远镜核心课题研究的负责人——美国卡内基天文台的温迪·弗里德曼为首，年轻的天文学家大举进入阿斯彭物理中心。为了使项目进行下去，相关负责人聚集所有与哈勃常数研究相关的天文学家，组成专题组，就这一提案征求大家的意见。但是，把固执己见的元老级天文学家与年轻一代的天文学家集合在一起，这本身就是一件不可能的事情。最终，经历过哈勃常数战争的桑德奇和热拉尔·德沃库勒这两大阵营的元老级天文学家没有参加这个研究项目。

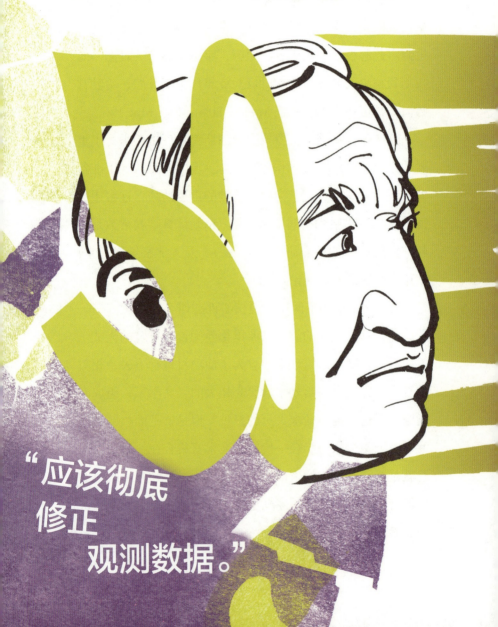

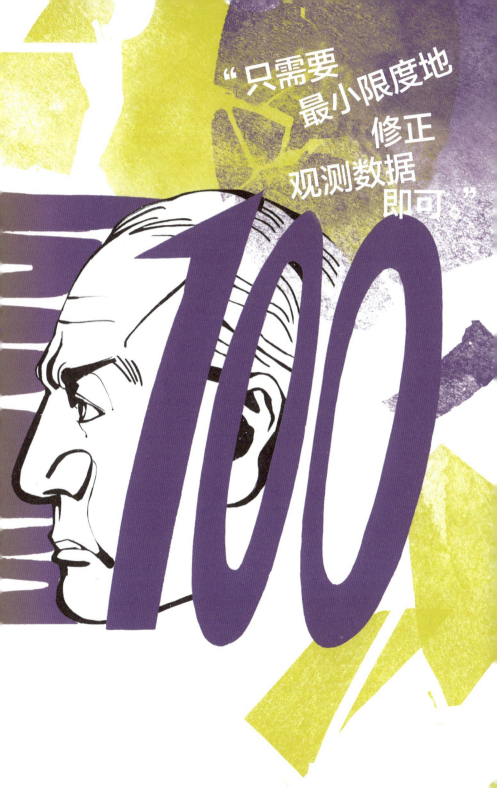

温迪·弗里德曼

　　这个研究小组的目的是将哈勃常数的误差减少至10%，使哈勃常数更具说服力。实际上，哈勃空间望远镜与之前的望远镜相比，观测精密度得到很大的改善，它在21世纪天文学的发展史上占有重要地位。首先，这台望远镜能够对距离地球610千米的上空进行测光观测和分光观测，能够轻易识别距离很远的宇宙天体，能够观测到紫外线和红外线，这弥补了地面观测的不足。具备这些能力的哈勃空间望远镜最终在1990年投入使用，随之开始了此项研究。

　　如同20世纪20年代哈勃所做的研究一样，这个研究小组开始观测造父变星，通过反复观测距离较远的室女座星团的旋涡星系，寻找造父变星，以此测定造父变星的光变周期和绝对星等。通过这项研究测定出到星系的距离，像 1929 年哈勃所做的那样，以观测数据为基础计算出哈勃常数值。

正在观测的哈勃空间望远镜，计算正确的哈勃常数值是这台望远镜的主要工作之一

球状星团

球状星团是由恒星群组成的古老星团，因被引力紧紧束缚，使得外观呈球状，且越往中心恒星越密集。球状星团来源于拉丁语"globulus"，意思是小的球体。它在星系中很常见，大约有100多个，大的星系会拥有较多的球状星团。例如，在仙女星系中就多达500个。

据推测，球状星团的形成早于星系的形成。它由金属含量低的古老星系组成，最著名的球状星团有赫拉克勒斯座星团M13、猎犬座星团M3和飞马座星团M15等。球状星团的年龄在推测宇宙年龄方面起着重要的作用。在星团形成早期，组成星团的星系分布在赫罗图的主序带上。但随着年龄的增长，质量较大的星体脱离主序带，开始进化，最后成为红巨星。因此，通过主序带上分开的转折点，推测球状星团的年龄，便可以得知宇宙年龄的最低限值。

飞马座星团 M15

赫拉克勒斯座星团 M13

在观测活动进行十余年之后的 2000 年和 2001 年，研究小组宣布了使用哈勃空间望远镜观测到的哈勃常数值。有意思的是，这个数值介于桑德奇与热拉尔·德沃库勒分别主张的 50km/（s·Mpc）和 100km/（s·Mpc）——在 71km/（s·Mpc）和 72km/（s·Mpc）之间。如他们所愿，哈勃常数的误差范围降至 10%。

那么，持续已久的哈勃常数战争是不是就此结束了？答案是告一段落，但还没有完全结束，宇宙年龄这一难题依旧存在。通过观测数据建立的宇宙模型推断，宇宙年龄与"老年星系"的年龄相对应，需要哈勃常数大致是 50km/（s·Mpc）。

研究小组当中有几名年轻的天文学家，他们更倾向于主张哈勃常数是 100km/（s·Mpc）的热拉尔·德沃库勒阵营。哈勃空间望远镜研究小组公布的官方哈勃常数值是 71~72km/（s·Mpc），但考虑到对造父变星金属量的依赖度，又将哈勃常数值更改为 68km/（s·Mpc）。这与之前公布的哈勃常数值相比小了不少。

这也许是不得不认定距离决定法对于其他要素的依赖，对观测数据的修正结果更加重视的结果，也可以理解为认识到样本数据处理所具有的不完整性，并对其修正更加谨慎的结果。桑德奇一方一贯主张修正观测数据的重要性，哪怕只采用了其中一部分建议，也是一件鼓舞人心的事。

另外，桑德奇关注的是，如何重构完整的观测数据的方法，以及当时用不完整观测数据计算哈勃常数时会有怎样的影响。桑德奇以自己的研究结果为准，明确表示无法认同哈勃空间望远镜研究小组公布的哈勃常数值是71~72km/（s·Mpc）的结论，并且批评对不完整的样本数据没有做很好的修正。这是因为桑德奇使用几乎一样的数据算出哈勃常数值为55km/（s·Mpc），如果再考虑到其他外部因素，哈勃常数值应该是58km/（s·Mpc）。

事实上，考虑到各种误差因素，两个阵营提出的哈勃常数值开始接近，这可以看作漫长的哈勃常数战争结束的信号。虽然还是有不同的意见，但在某种程度上，大家不再针锋相对了。不过，进入21世纪后的一段时间里，"宇宙的年龄"仍然是有待解决的难题。

"我真的不知道宇宙的年龄"

"我真的不知道宇宙的年龄。"

2001年2月，为了发表最新的宇宙年龄研究成果，全世界的天文学家齐聚夏威夷，召开了主题为"天文学年龄与时间尺度"的国际学术会议。大爆炸宇宙论的提出者、著名的艾伦·古思博士应邀与会发言，他说的第一句话是

"我不知道"。虽然艾伦博士不知道宇宙的真实年龄，但是他以自己了解的事实为基础，对宇宙年龄做出了推论。

在学术会议的闭幕式上，天文学家统一了临时性观测结果，即宇宙的年龄大约是125亿年，由"老年星系"组成的球状星团的年龄大约是132亿年。他们得出这样一个奇怪的结论：虽然宇宙孕育了星系，但是由"老年星系"组成的球状星团的年龄比宇宙的年龄更大，也就是说在宇宙形成之前，星系已经存在。这算是先有子女再有父母的说法了。可见，21世纪初期，宇宙年龄这一难题依然存在。

当时，关于宇宙年龄最有说服力的提出者是温迪·弗里德曼，她使用哈勃空间望远镜对观测数据进行分析，发表了哈勃常数值与在此基础上推测的宇宙年龄。

在夏威夷学会上，弗里德曼认为宇宙年龄是125亿年，但是这与之前的哈勃空间望远镜研究小组提出的结果并无太大的不同。哈勃空间望远镜核心课题研究小组公布的哈勃常数是71km/（s·Mpc），当时天文学家广泛认可的宇宙物质密度是0.3，宇宙常数是0.7。综合这些数据，以宇宙模型为基础计算的话，得出的宇宙年龄大概是125亿年。

对弗里德曼确定的哈勃常数值的疑问也有很多。有人提出，如果经常利用统计学算法对观测数据进行修正，则所得的哈勃常数值就会相应比真值小。例如，伦敦帝国理工学院的米歇尔·罗旺·鲁滨逊计算哈勃常数值时，将这些因素全部考虑进去，得出的哈勃常数值是63km/（s·Mpc），利用这个数值算出的宇宙年龄大约是150亿年。这就意味着，无论是哈勃常数还是其他宇宙常数，一旦发生改变，宇宙年龄也会随之变化。

另外，不用哈勃常数也能推测出宇宙的年龄，那就是测定宇宙中最年老的星系。假设星系的年龄只能比宇宙的年龄小，以此为前提，便可以得出宇宙年龄的最小值。这个方法的优点是，不使用哈勃常数和宇宙模型也能推测出宇宙的年龄。

为了推测宇宙的年龄，银河系最古老的球状星团的年龄引起了天文学家的关注。综合这期间的研究结果，如前面所说，在夏威夷学会上发表的球状星团的年龄是132亿年，比弗里德曼提出的年龄还要大7亿年。在球状星团年龄的基础上，再加上从宇宙爆炸到球状星团形成为止的几亿年，即宇宙的真实年龄。没有比球状星团更古老的天体，这使推定宇宙的年龄问题再次陷入困境。

对于球状星团年龄的测定方法，众学者意见不一。事实上，在2001年夏威夷学会上发表球状星团年龄为132亿年的天文学家，在四年前，也就是1997年的时候，曾经宣称球状星团的年龄是115亿年。从这一点我们可以看出，根据不同的观测数据与分析方法，即使是同一个人去推定，所得出的球状星团年龄也会发生很大的变化。这是因为星系进化状态与星系之间的距离等因素，会间接或者直接地影响球状星团年龄的推定。特别是星系的进化状态随着持续的观测结果经历急剧的变化。

测定宇宙的年龄，除了利用球状星团以外，也有直接推测其他老年星系年龄的方法。例如，通过得到"老年星系"的光谱，查看铀238的同位素丰度，这与地质学中通过比较碳同位素的相对丰度来推测化石或者文物的年代是一样的方法。简单来说，通过测定半衰期是45亿年的铀同位素的相对丰度来推测星系的年龄。成功实现这种方法是非常难的，而且观测误差大。但因为这是新的测定星系年龄的方法，所以备受关注。

同位素
具有相同质子数、不同中子数的同一元素的不同核素互为同位素。

21世纪初期，宇宙的年龄依然是一个谜。就拿误差大的问题来说，宇宙年龄这一难题一定会像其他问题一样得到解决，而且解决时机已在眼前。后来证明，21世纪中期，弗里德曼带领的研究小组得出的哈勃常数与通过其他方法得出的哈勃常数的误差范围是一致的。

好消息！哈勃常数值为71～72km/（s·Mpc），虽然

星体的一生

高密度星云，衰变开始
原恒星形成
压力和温度上升
年轻的星系
到达主序带
行星的形成
褐色矮星
质量小的星系
在主序带
质量大的星系
质量和太阳相似的星系
超巨星
形成星云
超新星爆炸
白矮星
黑洞
行星状星云
黑矮星
中子星

反映哈勃常数和哈勃定律的图

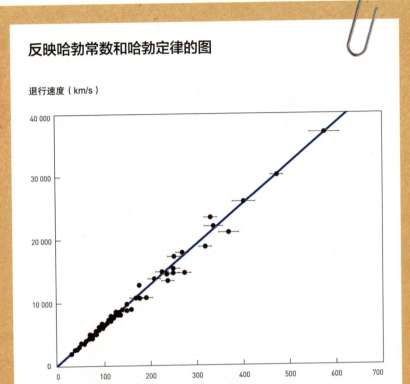

退行速度（km/s）

星系距离（Mpc）

在图中，通过将退行速度分布在星系距离上，以此求得哈勃常数

有一些小的误差，但是它成了真正的常数，从 20 世纪 70 年代开始的哈勃常数战争终于落下帷幕。虽然对哈勃常数值依然有不同的说法，但是不会造成大的影响。在构建大爆炸宇宙论时，宇宙模型中有众多变数，而哈勃常数不再是变数，这对测定其他数值有着积极的影响。

另外，使用更加精密、更新的星系进化模型算出的星系年龄为 132 亿年，这一数值被认为是稳定的确定值。现在，只需要推定宇宙的年龄即可。

最终确定宇宙年龄

即使正确计算出哈勃常数，要想精确地推测出宇宙年龄，还需要更加谨慎细致的工作，这是因为哈勃常数是一个以现在的视角显示宇宙以何种速度膨胀的数值。如果宇宙从一开始到现在始终保持相同的速度膨胀的话，那么，无论是过去的哈勃常数，还是现在的哈勃常数，其数值都是一样的。也就是说，只用哈勃常数的倒数来计算的话，得到的就是现在的宇宙年龄。

但是，宇宙若以快速—慢速—再次快速这种复杂的方式膨胀，那么结果将会完全不同。考虑到全部过程，就要计算第一次膨胀的时间点。只有知道第一次膨胀的时间点，才能知道从宇宙开始到现在经历的时间，即宇宙的年龄。如果单纯地利用哈勃常数的倒数进行求值，结果的正确性就会大打折扣。

再回想一下用橡胶尺的例子。持续拉橡胶尺 5 秒钟，其长度会是一开始的 5 倍。但如果一开始就快速拉橡胶尺，中间以慢速拉橡胶尺，最后再次快速拉橡胶尺的话，结果会是怎样呢？以现在的时间点推测橡胶尺的膨胀速度，然后以此为基础计算橡胶尺从开始的状态变成现在的状态所花费的时间，就会得出 5 秒钟的值。只有考虑橡胶尺在每个瞬间的膨胀速度，才能得出拉橡胶尺所花费的那 5 秒钟时间。

用气球做比喻也是一样的。想一想我们吹气球时气球表面变大的情况。仍然用 5 秒钟吹气球，一开始快速吹气球，气球会在短时间内膨胀，但是吹气球的人如果在中途喘一口气，停止吹气球，则气球表面的膨胀会戛然而止；等到吹气球的人再次用力吹气球时，5 秒钟已经过去了。在不同的时间点做测定，气球的膨胀速度是不一样的。如果以某个时间点的测定值为基准，开始吹气球之后虽然会经过各个时间点，但是此时测定的时间与实际上吹气球所花费的时间是不同的，这是因为膨胀速度时时刻刻在发生变化。

把橡胶尺或者气球的例子用于实际宇宙年龄的测定看一看。想要正确推测宇宙年龄，不仅需要哈勃常数，也需要提前知道宇宙在每个时间点的膨胀方式。现在，哈勃常数作为值得信赖的数值被人认可，那么要找到宇宙在每个时间点的膨胀方式，找出反映宇宙大小变化的要素即可。

先驱者在破解爱因斯坦广义相对论方程式的框架上制作出宇宙模型，并以他们的名字命名了一个方程式，即弗里德曼（F）—勒梅特（L）—罗伯逊（R）—沃克（W）

度规，以他们名字的第一个字母组合命名为"FLRW 度规"。FLRW 度规是宇宙学家以数学的方式说明宇宙爆炸是如何变化的现代宇宙论的标准模型。简单地说，它就是根据时间表现宇宙大小的方程式。

若要知道随时间的流逝，宇宙大小将会如何改变，需要在这个度规式中加入几个变量。这不仅需要哈勃常数，也需要知道组成宇宙的物质及其能量的密度值。因为宇宙在不停地膨胀，其膨胀速度会根据组成宇宙的物质的相对量而加快或减慢。

宇宙是由人类所能观察到的如同星系的物质和观察不到但具有引力作用的暗物质以及反引力的暗能量组成的。普通物质和暗物质都有质量，并能引起引力作用。这就是使宇宙的膨胀力减缓的力量，即具有引力作用。

关于暗能量，在后面的章节里会详细介绍，但在这里需要提前说明的是，暗能量有几种特殊的属性，即反引力，它和斥力类似。也就是说，暗能量越多，宇宙的膨胀速度越快。

普通物质和暗物质都具有引力作用，相反，暗能量具有反引力作用。宇宙开始膨胀之后，随着时间的流逝，普通物质与暗物质的物质总量和暗能量的物质量之间的比率是变化的。比率大时，引力作用强，宇宙的膨胀速度变慢；比率小时，反引力作用强，宇宙的膨胀速度加快。

根据物质与暗能量之间的相互作用，随着时间的流逝，宇宙的膨胀速度会发生变化，宇宙大小的变化方式也会改变。如果不考虑这些因素，只用现在视角测定的哈勃常数来求宇宙年龄，则和实际的宇宙年龄会有很大的出入。

但问题是如何正确决定这些变量的数值，因为测定这些宇宙常数本身就是一件很难的事情，与测定哈勃常数值相比难度不相上下。加上这些要素在不同的阶段相互影响，要想单独求出这些要素的值，真是难上加难！

幸运的是，2001 年，为了观测宇宙微波背景辐射的各向异性（宇宙不同部分的射线具有不同的波长），WMAP（威尔金森微波各向异性探测器）发射成功。这个探测器在测定更加精准的宇宙常数时起着重要作用。关于通过分析探测器的探测成果和观测数据得到的实际宇宙物质组成数值问题，在后面介绍宇宙微波背景辐射时会详细解读，现在我们先集中精力解决宇宙年龄这一难题。

通过收集分析威尔金森微波各向异性探测器十年间的观测数据，天文学家准确地测定了哈勃常数，以及普通物质、暗物质及暗能量之间的占比等。通过威尔金森微波各向异性探测器得到的哈勃常数与通过哈勃空间望远镜得到的哈勃常数的误差范围一致，宇宙各物质占比也和其他的研究结果一致。

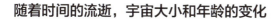

随着时间的流逝，宇宙大小和年龄的变化

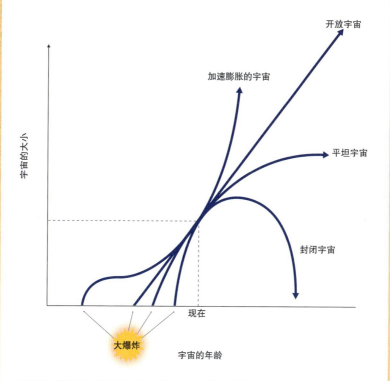

要是知道随着时间的流逝，宇宙以何种速度膨胀的话，就可以得知随着时间的流逝，宇宙的大小是如何变化的，也可以推测未来的宇宙是什么样的。我们来看一看决定宇宙年龄的因素

威尔金森微波各向异性探测器观测时的状态

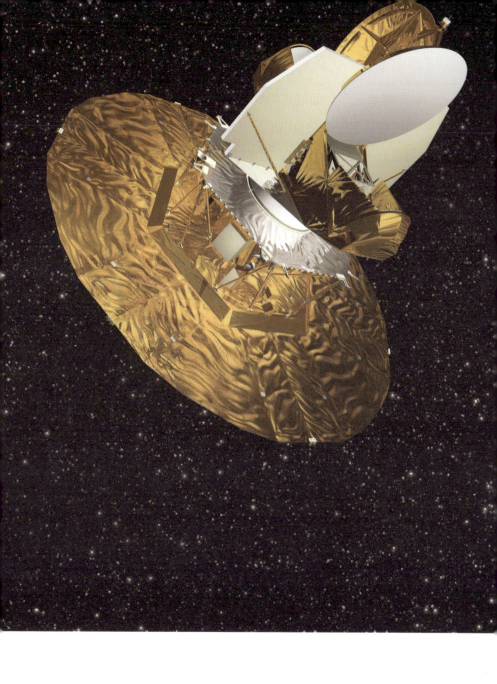

重要的是，通过高精度的威尔金森微波各向异性探测器得到了宇宙的物质组成。将暗物质与暗能量的比值和哈勃常数一起代入 FLRW 度规方程中，可以求出宇宙膨胀速度的变化，而且可以正确地得到宇宙从开始膨胀到现在所经历的时间，即宇宙的年龄，最终得出现在广为人知的宇宙年龄——137 亿年。

另外，通过威尔金森微波各向异性探测器观测，测定出可追溯到作为宇宙微波背景辐射原因的重组发生时点所需的时间，不依赖哈勃常数和宇宙因素独立测定了宇宙的年龄。值得庆幸的是，利用威尔金森微波各向异性探测器测定的宇宙年龄是 137 亿年，这与利用哈勃常数和宇宙物质组成模型计算得到的误差范围一致。

自从 1929 年哈勃通过观测提出膨胀宇宙的年龄是 18 亿年之后，一直到现在，天文学家不断地解决关于宇宙年龄的大大小小的问题。现在我们以两个值得信赖的独立观测结果为基础，可以自信地说宇宙的年龄是 137 亿年，人们也普遍接受了最古老星系的年龄是 132 亿年。在漫长的科学发展旅程中，宇宙的年龄问题最终被解决，并得到普遍认同。现在，世界通用的宇宙年龄是 137 亿年。

但 2013 年，据普朗克卫星一期探测结果计算得出，宇宙的年龄是 138 亿年。宇宙的年龄到底是 137 亿年还是 138 亿年，新一轮的宇宙年龄战争开始了。

宇宙到底有多大?

简单来说，宇宙膨胀是指宇宙在慢慢变大的过程，即昨天的宇宙比今天的宇宙小，明天的宇宙比今天的宇宙大。那么，宇宙到底有多大呢?

事实上，宇宙到底有多大，专门研究宇宙的天文学家也不清楚。宇宙有可能是无限大的，即使是有限的，也可能没有中心和边界。好比气球的二维平面是有限的，但是没有中心和边界。

我们常常说的宇宙的大小，是指可观测宇宙的大小。所谓可观测宇宙，是指以观测者所在点为基础视角所能观测到的宇宙的范围。宇宙在不停膨胀，宇宙的年龄是137亿年，即宇宙从开始膨胀到现在已经有137亿年了。目前我们可以观测到的最远的天体就是137亿年前发光过的天体。

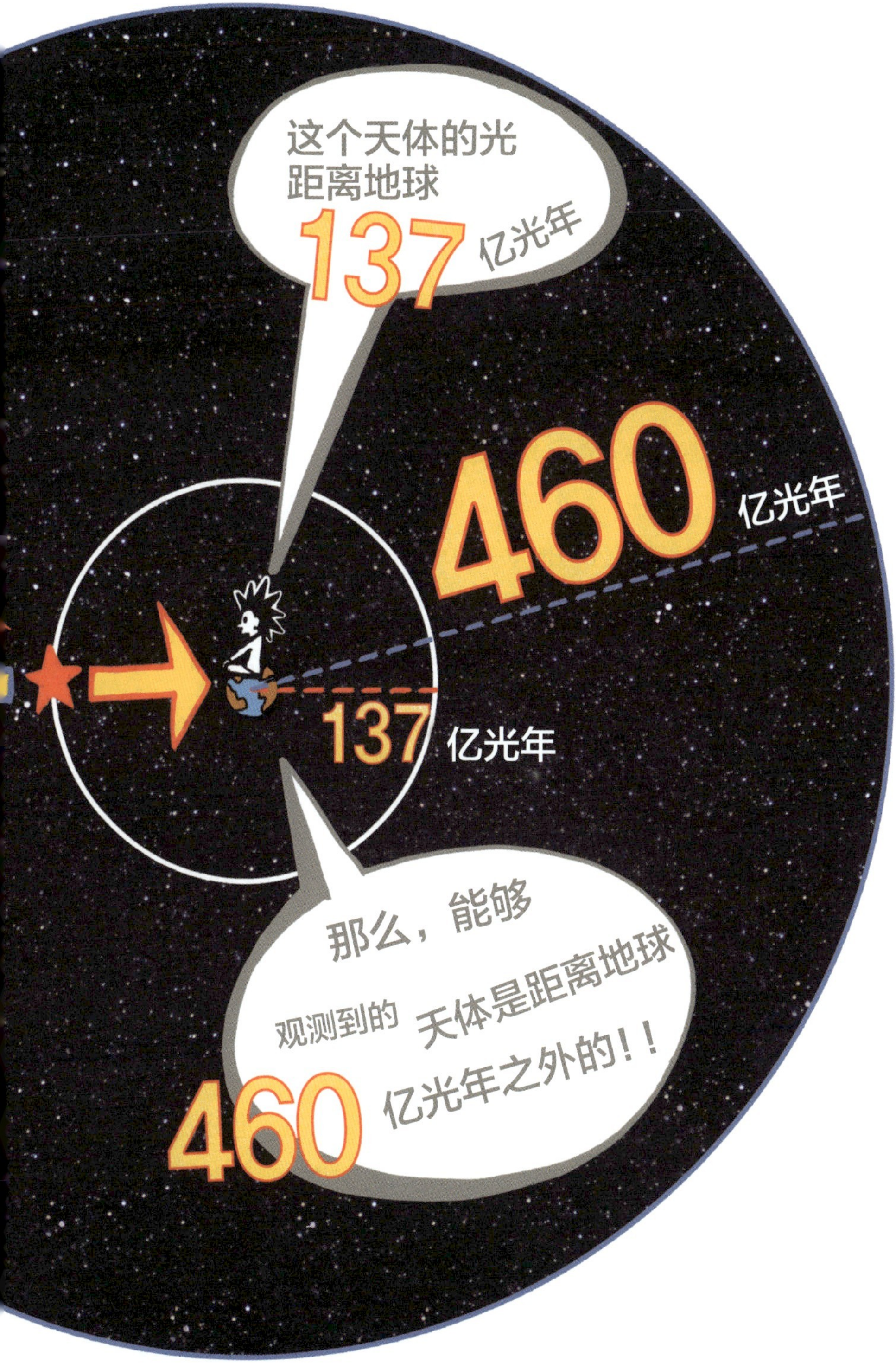
这个天体的光
距离地球
137亿光年
460亿光年
137亿光年
那么，能够
观测到的天体是距离地球
460亿光年之外的！！

想象一个以地球为中心，半径是 460 亿光年的大球吧，这就是从地球上看到的可观测宇宙的大小。宇宙形成之后，经过了 137 亿年的膨胀，天文学家考虑到各种因素之后，计算出了 460 亿光年这个数值。大爆炸宇宙论提出，如果追溯到可观测宇宙的边缘，要花 460 亿年。如果 137 亿年前发光的天体还存在，那么其光现在可到达地球，那个天体距地球 460 亿光年之远。

　　宇宙的任何一个区域或地点都拥有自己能够观测到的"宇宙"，其大小与地球上的可观测宇宙大小相似。有时，在可观测宇宙的边缘部分，或许存在不相重叠的区域。随着时间流逝，这个可观测宇宙会变大。在可观测宇宙外部会发生什么？我们谁也不知道。当然，随着时间的流逝，可观测宇宙也会慢慢变大，也许我们会获得来自更远距离的天体的信息。

　　但是，有一些东西永远无法进入可观测宇宙的范围内。想象一下宇宙膨胀速度比光速快的区域。根据相对论，我们可以知道，宇宙中任何携带信息和能量的速度都无法超越光速，但是宇宙本身的膨胀速度是不受此限制的。如果有膨胀速度比光速快的区域，那么无论经过多长时间，我们都无法得知属于这一区域的天体的信息，也无法进行观测。这是因为从天体发出的光以光速前进，而宇宙却以比光速快的速度膨胀。这与光从黑洞里无法逃离出来是一个道理。

我们通过观测光来探知宇宙的信息，但是得到的信息都是过去的东西，这是因为光速是有限的。月光达到地球大约需要 1.3 秒钟，因此，无论何时，我们看到的都是 1.3 秒钟之前的月亮。同理，我们看到的太阳也是 8 分 20 秒之前的太阳。从太阳系外部到距离地球最近的星系，以光速飞逝也需要 4.3 年，所以我们看到的星光，是过去 4.3 年前发出的光亮。我们看到的距离地球 1 亿光年的外部星系的光，是在 1 亿年前之前出发到达地球的，距离地球100 亿光年的星系也是如此，我们看到的是它 100 亿年前之前的模样。

了解宇宙属性的钥匙就是宇宙本身。我们在地球上一动不动，刹那间就可以看到 1.3 秒之前的月球模样或 100 亿年前宇宙的样子，真是令人震惊！这就是宇宙给予我们的盛大礼物，即通过宇宙本身的属性，我们可以穿越时空观测到之前的宇宙。就像不同年代的化石有不同的秘密，宇宙中也广布着充满秘密的天体。

总的来说，在宇宙空间中，距离与时间成正比。但是还有一点需要注意，即当我们说距离某星系 10 亿光年时，不是说星系在现在这一时刻距离我们 10 亿光年，而是我们看到的是该星系在 10 亿年之前发出的光。

那么，该星系现在在 10 亿光年之外的距离移动着，

因为宇宙在不停地膨胀。当然，太阳系内的天体也是一样——由于我们和太阳系内的天体在一个引力系统内，因此膨胀系数和膨胀速率一致，难以观测到自身膨胀。

　　宇宙中究竟有多少颗恒星？一般来说，宇宙中有 1 000 亿（10^{11}）个星系，各个星系内有 1 000 亿颗恒星。也就是说，宇宙中大概有 10^{22} 颗恒星。这里说的宇宙是可观测宇宙。宇宙到底有多大，这个范围没确定，怎么可能知道宇宙中有多少颗星星呢？当我们说到宇宙的大小时，往往是指可观测宇宙的大小；说到宇宙的边缘时，往往是指可观测宇宙的边缘。

BIGBANG！
宇宙大爆炸的瞬间

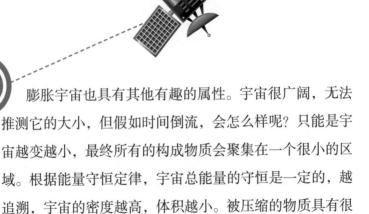

膨胀宇宙也具有其他有趣的属性。宇宙很广阔，无法推测它的大小，但假如时间倒流，会怎么样呢？只能是宇宙越变越小，最终所有的构成物质会聚集在一个很小的区域。根据能量守恒定律，宇宙总能量的守恒是一定的，越追溯，宇宙的密度越高，体积越小。被压缩的物质具有很高的能量，因此，当宇宙非常小时，其温度也非常高。

假如宇宙变得很小

利用宇宙不断膨胀这一事实，我们能够轻易地推论出早期的宇宙温度高，密度高。我们设想一下宇宙体积是 1 厘米大小的时期，将现在宇宙内所有的物体放入 1 厘米大

宇宙的温度变化

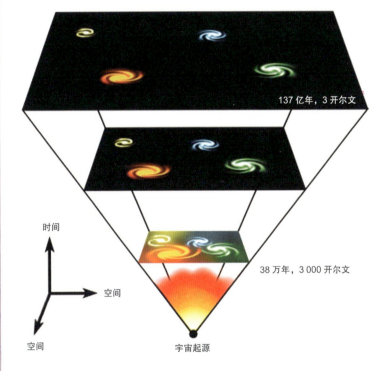

137 亿年，3 开尔文

38 万年，3 000 开尔文

时间

空间

空间

宇宙起源

宇宙刚形成之时，其温度非常高，随着时间的流逝，温度慢慢降低。也就是说，当宇宙非常小时，其温度非常高，密度也非常高

小的宇宙中，那么其密度和温度会怎么样，是令人难以置信的。

基于宇宙膨胀提出这一观点的是美国物理学家乔治·伽莫夫。伽莫夫出生于俄国，1933 年参加索尔维会议之后流亡美国。

伽莫夫和他的学生拉尔夫·阿尔菲一起研究早期宇宙在极高的温度和密度状态下是怎样的。宇宙在不断地膨胀，从最开始的很小、高温、高密度的宇宙变成现在广阔的宇宙。随时间的流逝，宇宙渐渐变大，密度则不断变低，温度也渐渐降低。伽莫夫就是在计算宇宙在这个过程中某一时刻的密度和温度。

伽莫夫着眼于温度和密度几乎决定原子核的反应过程：单位体积内的核子数可以被定义为其物质密度，物质密度越高，核反应的反应截面越大。与此同时，体系的温度越高，热运动越强，反应截面也会相应增大。伽莫夫将体系的温度与体系的物质密度直接影响核反应的反应截面这一事实运用到宇宙模型计算中，试图推测出在早期宇宙的温度和物质密度条件下，会发生哪些核聚变反应。

伽莫夫想通过早期宇宙的体系温度和物质密度数据弄清早期宇宙发生了什么。在早期宇宙中，体系温度和物质密度过高，形成原子核的基本粒子限于平均自由程，无法发生核聚变。宇宙继续膨胀一段时间以后，宇宙的温度下

核聚变

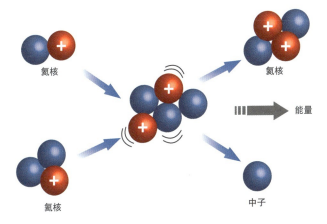

氘核和氚核以等离子体的形式在高温下相互作用，使两核发生聚变，放出巨大的能量

核裂变

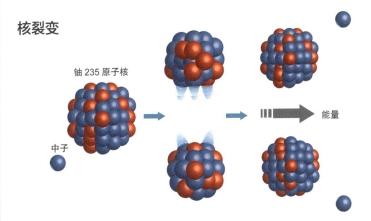

中子轰击铀235原子核时发生核裂变反应，放出两个子核，同时放出两到三个次级中子，次级中子再次与其他铀235原子核反应，再次生成次级中子，如此循环，形成链式反应

降，达到了核聚变的反应阈值温度。再过一段时间，宇宙还会继续膨胀，此时温度继续下降，质子和中子的碰撞速度过慢，无法达到核聚变发生的阈值温度。核聚变是在宇宙的温度高达一定数值的时候才发生的现象。

宇宙是由普通物质、暗物质和暗能量组成的。物质是一个复杂的集合体，但构成物质的基本单位是原子。原子由原子核和电子组成，原子核则是由质子和中子组成，将质子和中子再分成更小的单位，此时的单位是叫作夸克的粒子，夸克是现在我们所知道的宇宙中最小的单位。我们从爱因斯坦的著名公式 $E=mc^2$ 中可以得知最基本的质量和能量关系，公式中的 m 代表质量，E 代表能量。在相应条件下，质量可以转化为能量，能量也可以转化为质量。随着宇宙不断膨胀，密度变低，温度下降，在这种环境中便产生相对应的能量和物质。

太初 3 分钟

我们能追溯的最早时间，是在宇宙大爆炸之后的 10^{-43} 秒，它被称为普朗克时间。理论物理尚无法理解在此之前的时间，因此它是一个充满奥秘的时间领域。但是，宇宙在 10^{-43} 秒和 0.01 秒之间发生了什么，我们凭借现在的科学水平已经有了一些了解。科学家认为，这一时期的宇宙中充满了能量和基本粒子。

宇宙年龄在 0.01 秒的时候，其温度会降低到 1 000 亿度左右。当然，这个数据是理论上的推测。这时，宇宙的温度与密度依然很高，能量转化为粒子和反粒子，粒子和反粒子相互作用产生能量，这一过程不断重复。由于宇宙的温度过高，尚无法形成上文提到的中子和质子，但温度条件却允许光子形成电子和正电子。与此同时，理论推测此时也在形成暗物质粒子。

因为温度依然很高，所以质子和中子便不能结合生成原子核。这一时期，能量与物质是混合存在的。天文学家试图通过观测数据推断，此时，粒子与反粒子的频繁碰撞湮灭，放射出大量高能伽马射线，而与其他粒子反应截面较小的中微子也在此时大量产生。但是，宇宙的密度依然很高，天文学家推测，此时的中微子与其他粒子处于频繁互动的状态。

宇宙年龄到了 1 秒的时候，宇宙的温度和密度降得更低。此时，中微子不再轻易与其他粒子相互作用而自由存在于宇宙中。现在，天文学家正在努力寻找当时产生的中微子，作为进一步证明宇宙大爆炸

反粒子
正电子、反质子、反中子、反中微子等粒子的总称。反粒子及其对应粒子的质量、自旋、平均寿命和磁矩大小都相同。

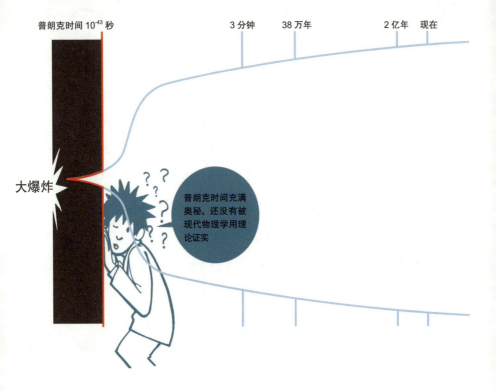

的证据，但是还没有研制出有足够灵敏度的中微子探测器。

　　宇宙诞生 3 分钟后，内部温度下降，光子的能量也随之减弱。这个时候，能量无法再产生物质。质子和中子没有被光能破坏，反而相互结合，开始制造氘核、氦核和锂核等原子核。氘核是由一个质子和一个中子相结合之后产生的原子核。伽莫夫认为的核聚变便从此刻开始。

　　之后，宇宙继续膨胀，温度也随之急剧下降，但已经不能再产生原子核，核聚变过程在几分钟后骤然停止。现在，宇宙中存在的氘核都是那时产生的。大爆炸之后，世

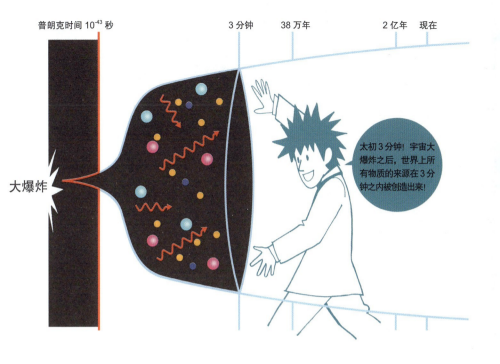

太初3分钟！宇宙大爆炸之后，世界上所有物质的来源在3分钟之内被创造出来！

界上所有的物质材料都在3分钟之内被创造出来，"太初3分钟"便由此而来。此时，氘核的占比随宇宙密度的变化而改变，若密度稍高一些，则几乎所有的氘核与质子都会相互作用而产生氦核。相反，若密度低一些，随着宇宙的膨胀，氘核会变得稀薄，只剩下少数氘核了。因此，在今天测定宇宙的密度，就可以推断出太初3分钟时的密度，又从过去的宇宙密度推断现在宇宙的密度。

宇宙诞生几分钟之后，大爆炸核聚变就停止了。但在数十万年中，宇宙保持着与星系内部相似的状态。宇宙的

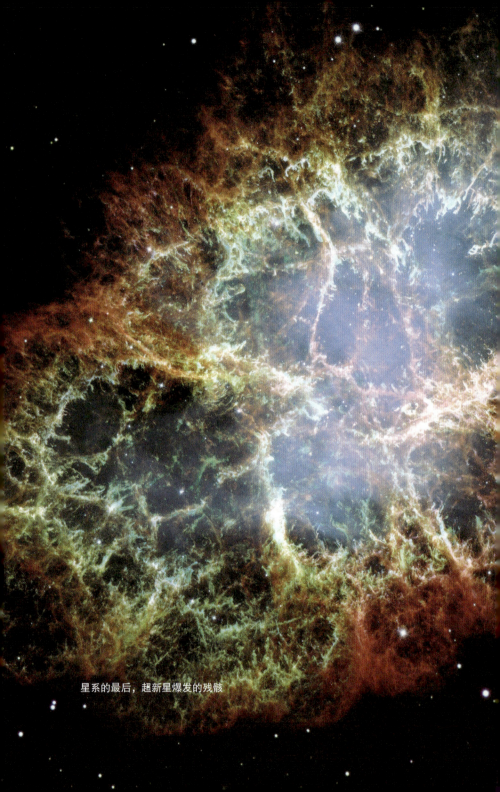

星系的最后，超新星爆发的残骸

1987 年，在大麦哲伦星系中发现的超新星1987A 的照片。上面的照片是超新星爆发之前，下面的照片是超新星爆发之后。在超新星爆发的过程中，产生了重元素温度依然很高，电子也在自由活动，但还没有形成原子核吸附电子形成稳定原子的适当温度。也就是说，所有物质都处于等离子体状态（在高温状态下，原子以原子核和电子的形式呈现分离状态）。简单来说，此时宇宙内的原子核与电子相互混合，呈现"等离子体汤"的状态。

电子与原子核相遇，电磁作用力吸引电子，但是其运动速度太快，无法被俘获，并反复跃迁，所以一直持续着等离子体状态。光子能量与等离子体状态下的粒子不停散射，宇宙持续在高温、不透明的状态。这就像光在雾气中，因水滴改变照射方向，最终使我们无法看见最初的光。当时产生的光在雾气中散射，无法透射出去，最终保持着雾气的状态。因此，我们无法观测到这时发出的光。宇宙持续着不透明状态。

变得透明的宇宙

1948 年，拉尔夫·阿尔菲和罗伯特·赫尔曼开始对伽莫夫在 1946 年提出的大爆炸宇宙论的其他方面进行思考。因为宇宙在不停地膨胀，他们认为随着温度的下降，宇宙不能继续维持等离子体状态，并预测，如果到达这一时期，原子核与电子相结合，将会形成电中性的氢和氦原子。宇宙继续膨胀，体积变大，密度变低，温度下降。光

虽然与带电粒子相互作用，但是不会与中性粒子相互作用，因此，此时放射出的光不会继续散射，而是在宇宙空间随意穿梭。如果大爆炸宇宙论是正确的，随着宇宙的反复膨胀，这些光会变弱，并存在于现在的宇宙中。

阿尔菲与赫尔曼推测，观测高温爆炸的宇宙残骸，能够找到这些早期光波的遗迹。稳恒态宇宙模型否定宇宙膨胀，并且认为没有早期高温宇宙这一阶段存在，如果是这样的话，光就不存在了。换句话说，若发现这束光，则大爆炸宇宙论就是对的，稳恒态宇宙模型将受到重创。

但是，没有一位科学家努力去寻找阿尔菲和赫尔曼推测的那束光，也很少有科学家真正理解建立在核物理学基础上适用于宇宙论的这个推测，并且几乎没有科学家具备能够将这个推测付诸实践的能力。最终，很遗憾的是，阿尔菲和赫尔曼的研究停滞在初步理论的状态，并被埋没在历史中。

宇宙年龄约 38 万年的时候，宇宙的绝对温度降到 3 000 开尔文，密度为 1 000 原子核每立方厘米。宇宙不断膨胀，体积也在不断变大，当时的宇宙比现在的宇宙小 1 000 倍。那时，带有正电荷的原子核吸附带有负电荷的电子，形成中性原子，气体形态的中性原子充斥着整个宇宙，人们习惯地称这一时期为"复合时期"。但是，在这之前，原子核与电子并没有结合过，因此"复合"二字似乎不太恰当。

当时，宇宙内部只有氢、氦和一些铀。伽莫夫的大爆炸宇宙论成功地解释说明了现在宇宙中的氦含量。现在的宇宙内部约有 75% 的氢和 24% 的氦。星系内部通过核聚变产生的氦核占比不足以解释说明现在宇宙内的氦含量。根据大爆炸宇宙论，如果不存在高温高密度这一状态，现在宇宙内部不可能有这么多氦。而宇宙内部存在着很大比例的氦，这是大爆炸宇宙论的又一强有力的证据。

但是，上述表述只对元素周期表中的 1 号到 3 号元素做出了说明，其他的元素是如何在宇宙空间里直接产生的，大爆炸宇宙论一时间也没有给出解释。反对大爆炸宇宙论的学者抓住了这一把柄。

英国天文学家弗雷德·霍伊尔是反对大爆炸宇宙论的代表人物之一。霍伊尔支持"稳恒态宇宙模型"，并且投入了大量时间指出大爆炸宇宙论的问题。但具有讽刺意

绝对温度

1848 年，由英国物理学家开尔文引入，并且叫作开尔文温标。绝对温度不依存物质特性，是由刻度决定的。它的单位是开尔文，绝对零度是 −273.15℃。

味的是，第一个说出"爆炸"这一词语的正是霍伊尔本人。1949 年 3 月 28 日，霍伊尔参加了英国 BBC 的一个广播节目，第一次使用了"爆炸构想"这一词语，并于

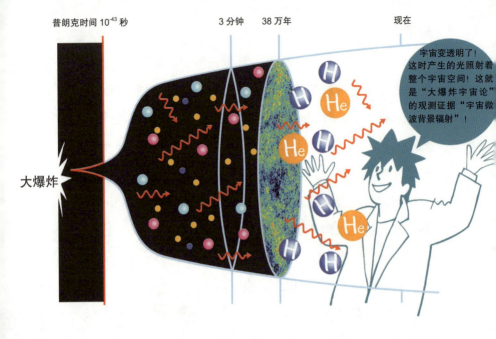

普朗克时间 10^{-43} 秒　　　　　　　3分钟　38万年　　　　　　　现在

大爆炸

宇宙变透明了！这时产生的光照射着整个宇宙空间！这就是"大爆炸宇宙论"的观测证据"宇宙微波背景辐射"！

20世纪50年代初期再一次在广播节目里使用"爆炸"这一词语。因此，人们开始将之前冗长的"充满活力与进化着的模型"这一宇宙膨胀理论的名字改为"大爆炸宇宙论"。霍伊尔是这样说的："根据这个假设，今天的膨胀是由剧烈爆发所产生的。我并不赞同这个'爆炸'的想法。"

　　但是，反对大爆炸宇宙论的霍伊尔解决了比氢和氦更加重的重元素问题。霍伊尔向我们展示了在星系进化的不同阶段中，核合成是如何产生的。在星系内部，经过很长时间，氢变成氦，在星系生命的最后阶段，温度和密度升高，通过核聚变产生了镁、硅和铁等元素。更重的元素是在超新星爆发阶段产生的，所以金或铂比铁要稀贵（重的东西贵）。重元素在星系的进化过程中形成，这一事实让大爆炸宇宙论从重元素形成这一难题中摆脱出来。最终，解决爆炸核聚变这一难题的人是反对大爆炸宇宙论的霍伊尔。

无论如何，在这一时期，光子不受带电粒子影响（大量带电粒子已结合为电中性的原子），可以在宇宙中任意穿梭。光可以摆脱此前的不透明状态，可以说宇宙已经成了"透明宇宙"。

这一时期发射的光普照宇宙全部空间，因此叫作宇宙微波背景辐射。因为宇宙变得透明了，所以现在我们也可以观测到当时发射出的光。基于此，人们将当时发射出的光叫作"宇宙之光"。再加上光与物质不再相互作用，所以也叫作"脱耦时期"。这一时期是宇宙诞生之后的 38 万年。

大气的温度叫作气温。测定出空气中分子的活跃程度，便可以知道气温。我们所说的物体的温度，是指测定出构成物体的分子或者原子的能量，并用单位表示的温度。那么，我们现在所说的宇宙的温度是多少，又如何测量呢？

我们常说宇宙空间是"真空状态"的，或者更加准确地说，"几乎是真空状态的"。在均匀的宇宙空间中，几乎没有原子或分子，我们生活的地球、太阳系或者是银河系，在宇宙中都是密度非常高的区域。但是，宇宙空间有很多光子。测量这些光子的能量，再以温度的单位表示出来，就是我们所说的宇宙的温度。

宇宙年龄在 38 万年时，全宇宙放射出的光的绝对温度是 3 000 开尔文。这个光就是我们现在能够观测到的最早的光。当时在时空散播的光，即拥有 3 000 开尔文能量的宇宙微波背景辐射，就是用全波长放射能量的黑体辐射。黑体辐射的本征量，即反映黑体辐射方式与最大强度的波长，随着温度的改变而变化。

黑体辐射

对任何波长的外来电磁波完全吸收而无任何反射的物体。黑体辐射与温度相关，如果能够测定黑体发射出的辐射能量或者光谱，就可以把握物体的温度。

我们将这一现象与宇宙红移现象联系在一起具体说明一下。有人观测到从某个星系放射出的蓝色的光，从稳恒态宇宙模型的角度来说，宇宙是静止的，这束光无论经过多长时间到达其他星系的时候，依然带有之前的蓝光。但如果宇宙是在膨胀的，那么在从某一星系放射的光到达另一星系的过程中，其波长会变长，这是因为宇宙空间本身变大了。我们观测到的到达另外一个星系的光，其波长是变长了的（红移现象）。这种现象就是之前说过的宇宙红移效果。宇宙膨胀到原来的 2 倍，其波长也会增至原来的 2 倍。随着光的波长增加，其能量减少，温度也下降到之前的一半。

宇宙年龄是 38 万年的时候，绝对温度是 3 000 开尔文的宇宙微波背景辐射，与膨胀了 137 亿年的宇宙一同到达了现在。在这期间，宇宙变大了 1 000 倍，宇宙微波背景辐射的波长也增加了 1 000 倍，温度下降至原来的 1/1 000。当时的波长是 1/1 000 毫米，现在的波长约 1 毫米。并且以现在的视角看，宇宙微波背景辐射是绝对温度 3℃ 的冷光。宇宙微波背景辐射以绝对温度是 3 开尔文的黑体辐射状态，可以在宇宙的所有方向被观测到。若将绝对温度 3 开尔文转换成摄氏度，则是 −270℃ 的极寒温度。

在我们的生活中，很容易发现宇宙微波背景辐射的踪迹。例如，当电视台没有频道的时候，我们从模拟电视中看到或听到的噪音的 1% 是宇宙微波背景辐射产生的信号。使用手机时发出的一部分噪音，也是来源于宇宙微波背景辐射，它与我们一同存在。如果宇宙膨胀到原来的 2 倍，宇宙微波背景辐射的温度会降至原来的二分之一。

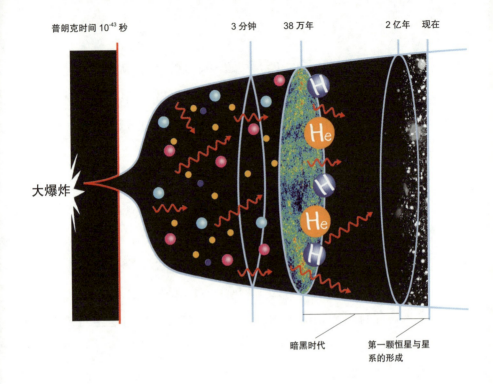

普朗克时间 10^{-43} 秒   3分钟   38 万年   2 亿年   现在

大爆炸

暗黑时代   第一颗恒星与星系的形成

是奇怪的杂音，还是太初宇宙之光？

  在美国贝尔研究所工作的青年射电天文学家阿诺·彭齐亚斯和罗伯特·威尔逊在研究所里得到了一台不再用于微波通信的射电望远镜。他们想把这台望远镜用于科学研究。

  但是想要精准地进行科学观测，首先要准确地判断并排除设备发出的杂音，这就是彭齐亚斯和威尔逊的第一项工作。他们在接收器为 6 平方米宽的螺旋形射电望远镜内寻找发出杂音的原因，但是在排除了许多可能性以后，他们依然可以感觉到来自各个方向的不明杂音。

为了找到杂音的来源，彭齐亚斯和威尔逊将天线转向纽约等大城市的方向，还随着季节的变换调整射电望远镜的角度，但是始终无法弄清楚杂音从何而来。他们也尝试拆下放大器等望远镜的内部机器进行分析，并特意到被认为接收不到来自天体电波的空地上组装射电望远镜。虽然做了这么多努力，但还是无法找到杂音的源头。他们甚至赶走在射电望远镜里筑巢的鸽子，清理了鸽子的粪便，但结果还是一样。为此，彭齐亚斯和威尔逊十分苦恼。

1964 年秋天，彭齐亚斯跟私交甚好的射电天文学家伯尼·伯克说了这个让人头痛的问题。不久后，伯克给彭齐亚斯打来了电话，告诉他一个令人振奋的消息。伯克读了在距贝尔研究所不远的普林斯顿大学里工作的罗伯特·狄克和詹姆斯·皮伯斯的论文摘要，内容大概是说由于宇宙大爆炸初期产生的热量，现在从宇宙的所有方向都应该可以观测到均衡的、等方向性的宇宙微波背景辐射。

一切正如 1948 年伽莫夫、阿尔菲和赫尔曼预测的那样，但当时狄克和皮伯斯对此毫不知情。他们只是以大爆炸宇宙论为基础预测到了宇宙微波背景辐射存在的可能性，并且为了观测宇宙微波背景辐射，正在制作射电望远镜。如果再多给他们一些时间，可能那时他们就发现了宇宙微波背景辐射。

　　与伯克联系后，彭齐亚斯马上给狄克打电话，向他说明了自己找到的杂音。挂了电话以后，狄克为了核实彭齐亚斯和威尔逊使用的射电望远镜以及他们的观测数据，马上动身去拜访彭齐亚斯。狄克立刻发现彭齐亚斯和威尔逊观测到的杂音就是自己一直在寻找的宇宙微波背景辐射。虽然彭齐亚斯和威尔逊自己都有些半信半疑，但是观测数据已经清楚地证实，他们发现的"杂音"就是宇宙微波背景辐射。

　　那是宇宙诞生 38 万年的时候射出的一道光。据推测，

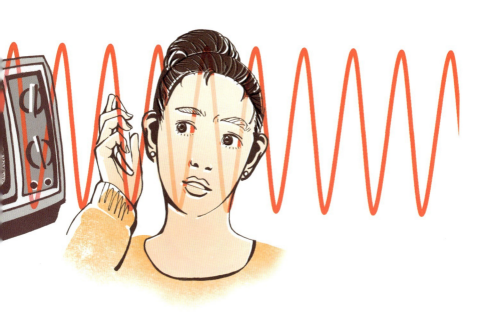

这道光的波长有 1/1 000 毫米，奔跑了足足 137 亿年，被观测到波长为 1 毫米的宇宙微波背景辐射。由于在稳恒态宇宙模型中不承认"炽热初期宇宙"的存在，因此宇宙微波背景辐射的概念也不成立。只有在大爆炸宇宙论中才会预测宇宙微波背景辐射的存在。这个假说最终被彭齐亚斯和威尔逊发现，这意味着大爆炸宇宙论的胜利。

1965 年，彭齐亚斯和威尔逊的观测论文以及狄克和皮伯斯的分析论文发表在同一个天文学期刊上，正式公布了宇宙微波背景辐射的发现。1965 年 5 月 21 日的《纽约时

"大爆炸宇宙论，有力的证据"

1965 年 5 月 21 日《纽约时报》

报》刊登了一篇名为《大爆炸宇宙论，有力的证据》的头条新闻，向广大市民宣布了宇宙论的胜利。

1959 年，在对科学家实施的一项调查当中，有 33% 的科学家支持大爆炸宇宙论，24% 的科学家支持稳恒态宇宙模型。但是，随着宇宙微波背景辐射的发现，并通过后续观测更确切地证明了它的存在以后，1980 年实施的调查结果就大不相同了。大爆炸宇宙论的支持者达到了 69%，而稳恒态宇宙模型的支持者仅剩 2%。同时有 7% 的科学家反对大爆炸宇宙论，而稳恒态宇宙模型的反对者达到了 91%，这就意味着宇宙论模式的变化完成阶段已经到来。

偶然发现了宇宙微波背景辐射的彭齐亚斯和威尔逊是幸运的。因这一发现，他们获得了 1978 年的诺贝尔物理学奖。他们的发现是很偶然的，甚至他们自己都没有意识到它是多么伟大。也许没有狄克和皮伯斯的分析和解释，彭齐亚斯和威尔逊的发现就只是找到了"奇怪的杂音"。

星球与星系的种子

彭齐亚斯和威尔逊发现了宇宙微波背景辐射后，大爆炸宇宙论就成了现代的标准宇宙论，但是稳恒态宇宙模型的支持者又开始了其他方面的攻击。

"如果激烈的爆炸导致宇宙膨胀这个说法成立，那么像星系这样的物质团是绝对无法形成的。"

稳恒态宇宙模型的代表霍伊尔针对大爆炸宇宙论提出了疑问。像稳恒态宇宙模型一样，大爆炸宇宙论也无法确切地说明像星系这样的构造物到底是怎样出现的。于是，稳恒态宇宙模型的支持者就抓住这一点，提出了反对意见。

现在宇宙的形态是以星系为基本单位的构造物不断通过引力吸引大小不一的物体，任何时期的任何学说都应该针对这一部分进行说明。

我们暂且假设在宇宙形成初期有一些密度相对较高的区域，这片区域有很强的引力，足以把周围的物体吸进去。随着时间的流逝，这片区域的密度也就变得更高了。反之，密度相对较低的区域无法阻止物体不断地被其他高密度的地区吸走，渐渐地就变成了密度更低的区域。当密度高的区域吸收了足够多的物质时，引力会变得不稳定，自身开始崩溃。就是在这样的过程中，星球和星系诞生了。微小的密度差异正如我们现在观测的一样，表明了这些宇宙构造物的形成。因此，证明宇宙初期有着稍许不均衡是很重要的，这就是变成星球和星系的种子的小型离散。

因此，科学家假设近乎各向同性的初期宇宙可能存在一些细微的涨落（各向异性），而恰恰是这些微小的各向异性（涨落）导致了宇宙暴胀和发展的可能性。在发现宇宙微波背景辐射后，继续仔细观察便有希望找到蛛丝马迹。

宇宙微波背景辐射几乎是能够表明初期宇宙痕迹的唯一观测结果，自然也让人们相信，在宇宙诞生仅 38 万年的时候发射的一道光成了我们认清宇宙构造的钥匙。换言之，观察宇宙微波背景辐射可以知道宇宙在 38 万年时的物质和能量的宏观分布。

换句话说，观察天体就是回顾过去。光的速度是有限的，所以光从宇宙的一边传到另一边需要消耗时间，因此通常情况下，我们看到的只是天体过去的形态。宇宙微波背景辐射也是过去的一部分。宇宙已有 137 亿年，宇宙微波背景辐射只是展示了宇宙在婴儿时期的分布痕迹。

离散

物体稍微偏离平时的状态，数值稍微改变，或者是导致发生这种情况的原因。

在宇宙诞生 38 万年的时候，同质的宇宙中若存在异质，会怎么样呢？还会留下痕迹或者出现我们今天见到的宇宙微波背景辐射吗？在比平均密度稍微高一点的地区，光在更大的引力作用下会比在平均密度地区丢失掉更多能量，光的波长也更长，温度也变得更低。

若将从各个方向传播而来的宇宙微波背景辐射进行观察比较的话，就可以发现波长的微小变化，同时也可以找出温度的差异。波长相对较长（温度低）的光是从密度相对较高的地区发射出来的。反之，波长相对较短、温度相对较高的光是从比平均密度低的地区发射出来的。天文学者就是从这点入手，通过观测宇宙微波背景辐射寻找温度差异（或是差异的痕迹）。

但是，不论天文学家怎么努力，就算是用更精密的仪器进行观测，也没有在宇宙微波背景辐射中发现温度差异。即便是做了道具模型实验，也没有发现细小的温度变化。大爆炸宇宙论的支持者认为是差异太小，导致他们无法观测出来。美国加州大学伯克利分校的乔治·斯穆特得到了美国空军的协助，将仪器装在U2侦察机上进行观察，但依然没有收获。

斯穆特得出了一个结论，就是向宇宙发射一个装有可以观测宇宙微波背景辐射设备的人造卫星，这是寻找这个微小各向异性的唯一方法。地球上之所以观测不到微小各向异性，是因为大气中的水蒸气和晃动会影响观测结果。斯穆特提出，希望在美国国家航空航天局使用探测卫星观测宇宙微波背景辐射的各向异性。而美国国家航空航天局喷气推进实验室的约翰·马瑟也提出了相似的建议。

美国国家航空航天局批准了斯穆特和马瑟的申请，开始了一个名为宇宙背景探测器（COBE）的科学卫星计划。为了使宇宙背景探测器可以在其他层面上观测出宇宙微波背景辐射，他们还在卫星上装了其他一些仪器。斯穆特还特意研发了可以测出宇宙微波背景辐射温度微扰（各向异性）的"微差微波辐射计"。这款仪器可以同时测出从两个方向射来的宇宙微波背景辐射，还可以察觉到两者之间的各向异性。

但 1986 年"挑战者号"失事后，航天飞机停飞数年，宇宙背景探测器前途莫测。他们最初计划在 1988 年将宇宙背景探测器装在火箭上送入太空，但是"挑战者号"失事的风波让火箭发射变得遥不可及。雪上加霜的是，1986 年，宇宙背景探测器的发射计划被正式取消。

宇宙背景探测器研究小组在遭受如此重创后并没有放弃，他们开始寻找其他的发射器，最后好不容易争取到了生产中断后被放置在仓库的道格拉斯飞行器公司产的航天飞机轨道器。在检查完航天飞机轨道器的性能后，宇宙背景探测器的设计重新开始，最终于 1989 年 11 月 18 日将宇宙背景探测器送入太空。

宇宙背景探测器在距地球表面 900 千米的上空以一天绕地球 14 圈的速度进行观测，在宇宙背景探测器上安装的微差微波辐射计，用于反复观测两个夹角为 60 度方向

宇宙背景探测器的外形（想象图）

　世界是如何开始的

上宇宙微波背景辐射的各向异性。

1990年4月，开始得出第一次全天体观测的结果。然而，连1/3 000的宇宙微波背景辐射各向异性都没有观察到。第二次的观察结果中连1/10 000的温度各向异性征兆都没有发现。直到1991年12月，他们完成了全天体观测地图，终于测出了两个地区间1/100 000的温度涨落。

1992年4月23日，在美国华盛顿举办的美国物理学会学术大会上，斯穆特发表了这个结果。

"我们观测了从宇宙初期到现在为止发现的最大最古老的混沌体。这个混沌体就是现在的星系和星系团等构造物最初的种子。"

宇宙背景探测器研究小组在彭齐亚斯和威尔逊观测的比7.35毫米还短的波长范围内观测宇宙微波背景辐射。他们得出的第一个结论是，宇宙微波背景辐射谱与绝对温度2.73K的黑体辐射光谱非常吻合。这再一次验证了宇宙微波背景辐射的各向同性。

第二个结论更加重要。虽然现在的宇宙是全面均衡的，但宇宙在诞生38万年的时候是有着微小密度涨落的。在宇宙背景探测器研究小组发表的宇宙微波背景辐射全天体图上，小斑点和云层都清晰可见，同时也发现了十万分之一的温度涨落。这微小的扰动、云层、斑点，就是科学家极力寻找的宇宙构造物的种子。随着时间的流逝，这微

宇宙背景探测器观测到的宇宙背景辐射的波长变化

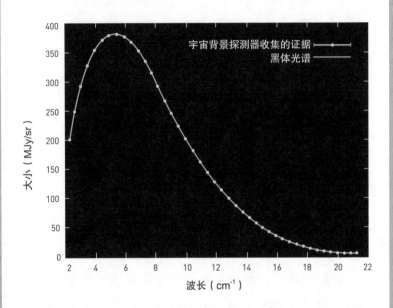

宇宙背景探测器观测到的光谱值与宇宙微波背景辐射的黑体光谱一致，这更加证明了宇宙背景探测器研究小组的大爆炸宇宙论

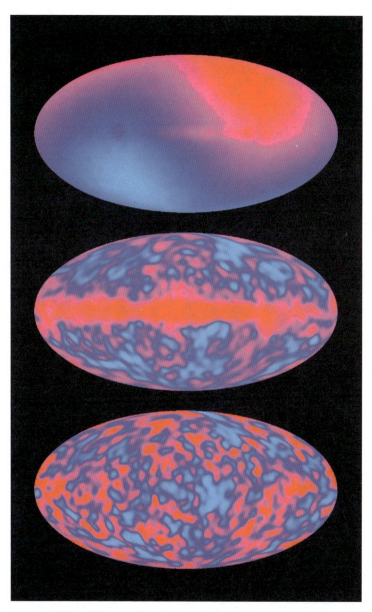

宇宙背景探测器观测的宇宙微波背景辐射，最上面是没有考虑地球自转效果的状态，中间是考虑了地球自转效果，但没有考虑星系上产生信号的状态，最下面是考虑了所有情况后宇宙微波背景辐射的分布图

威尔金森微波各向异性探测器的宇宙背景辐射探测结果

上图是宇宙年龄在 38 万年的宇宙背景辐射预测值，
下图是根据目前观测的宇宙背景辐射的星系分布图

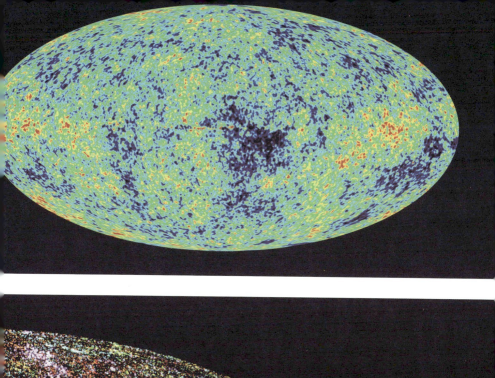

小的各向异性变成了我们今天看到的星系。

这一瞬间实现了从寂静不变的稳恒态宇宙模型到大爆炸宇宙论的思想大转变，斯穆特和马瑟观测结果的重要性得到了认可，他们获得了 2006 年诺贝尔物理学奖。

1993 年 12 月 23 日，宇宙背景探测器的观测任务结束后，美国国家航空航天局又于 2001 年 6 月 30 日发射了比宇宙背景探测器的清晰度更高的威尔金森微波各向异性探测器，对宇宙微波背景辐射进行观察。它再次验证了用宇宙背景探测器观测出的 1/100 000 的温度涨落的结果。在威尔金森微波各向异性探测器后，2009 年 5 月 15 日发射的普朗克探测卫星有更高的清晰度和敏感度。2013 年第一次发表的普朗克探测卫星结果也与前两次一样。

6

宇宙的命运

宇宙在诞生 38 万年的时候几乎是各向同性的。随着时间的流逝，宇宙开始膨胀，密度渐渐变低，温度渐渐变低。在观测宇宙微波背景辐射过程中发现的拥有十万分之一温度涨落的那部分物质，密度差异变得更为明显。总之，温度高的地方会渐渐地聚集更多的物质团。

随着一个区域与另一个区域间密度的差异越来越大，引力也吸引了更多的氢气和氦气，最终形成了宇宙中巨大的混沌体。这个巨大的混沌体在宇宙数亿年的时候因引力作用而出现坍缩，形成了一片聚集着氢气和氦气的区域。在这个区域中，随着气团的收缩，区域中心温度越来越高，密度也越来越高，最后产生了氢核聚变。随着氢核聚变的发生，出现了星球以及发射星光的原恒星。这些气团相互

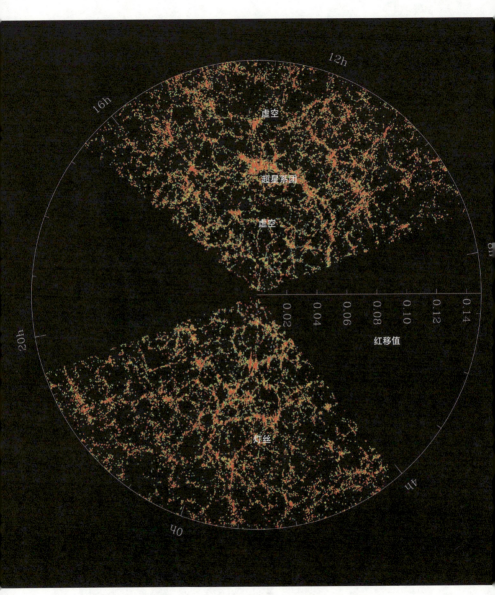

此图展示了宇宙的巨大构造，星系团和虚空、星系团相互连接形成灯丝

碰撞的同时产生了原星系，渐渐开始变成星球和星系。

在137亿年后的今天，宇宙呈现出通过引力吸引许多大小不同的构造物的模样。数千亿个星体汇聚而成的星系，是宇宙中数万光年大小的最基本的构造物，由数十万光年大小的星系群的引力吸引的数十个星系构成。成千上万个星系群通过引力形成的星系团，大小达到了数百万光年。

超星系团和虚空被称为宇宙的巨大构造。超星系团是由星系和星系团的引力产生的结合体，两端的跨度远达数千万光年。当然与此相对应的，就是长度大小为数千万光年，看不见其他什么构造物的虚空。超星系团和虚空连接成了横跨数亿光年的规模，像网或是灯丝一样的构造物，这就是我们所知的宇宙中最大的构造物了。当然，它也是通过引力作用形成的，这一切都是源于宇宙初期的微小涨落。

虽然大爆炸宇宙论对宇宙构造物的由来做出了合理的解释，但在这之前，还有其他的问题需要解决。

宇宙是平坦的吗？

根据爱因斯坦的广义相对论，宇宙是根据构造物密度排成的回旋形状。也就是说，根据宇宙密度的分布可以猜测宇宙可能是球形、马鞍形，当然也可能是平坦的。

如果宇宙一开始就是平坦的，那么以后也会继续维持平坦的状态。如果宇宙在初期不是完全平坦的，而是稍微有一点螺旋形倾向，那么随着时间的流逝，就会越来越脱离平坦的。但现在我们观测到的宇宙形状几乎是平坦的。以此推测的话，宇宙从一开始就是平坦的。但为什么一定是这样呢？这就产生了"平坦性问题"。

1979 年冬季的一天，美国理论物理学家艾伦·古思在自己的笔记本上写下了这样几个字：

"庄严的觉醒！"

古思提出了一个想法，就是宇宙在初期充满了超高密度的黑色能量，并在一段时间里以非常快的速度膨胀。这就是他想出的"暴胀理论"。所以，他在自己的笔记本上写下了"庄严的觉醒"几个字。他假设宇宙在诞生 10^{-35} 秒到 10^{-32} 秒之内就暴胀到了以前的 10^{50} 倍以上。不过，他虽然确信宇宙在瞬时间急剧膨胀，但是也知道自己写下的数字是不准确的。总之，根据现在所知道的膨胀率（即哈勃常数），我们可以知道在暴胀结束以后，宇宙开始了持续的膨胀。

运用古思的宇宙暴胀理论，宇宙的平坦性问题也得以解决。试想一个超级大、充满气体的气球，就算实际上这个气球的曲率可测，但从一个角度看这么大的气球，也只

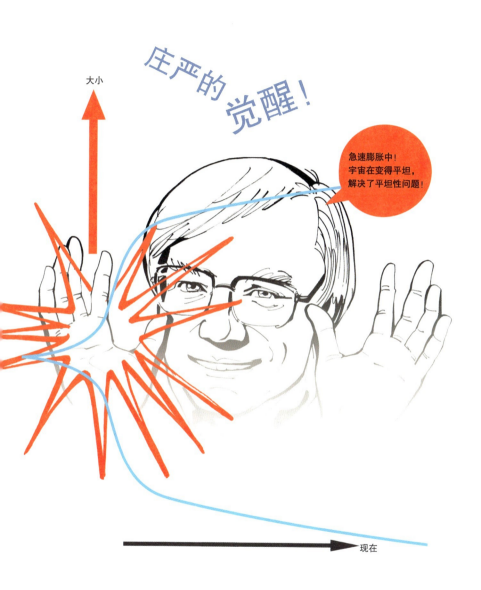

宇宙的平坦性问题

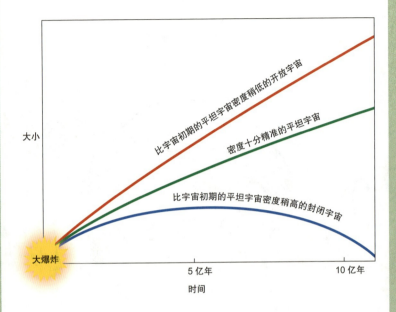

大小

比宇宙初期的平坦宇宙密度稍低的开放宇宙

密度十分精准的平坦宇宙

比宇宙初期的平坦宇宙密度稍高的封闭宇宙

大爆炸

5 亿年　　　　　　　10 亿年

时间

要有现在的宇宙，初期宇宙应该极其微小地调整密度，不允许有一兆
分之一的误差。若初期宇宙的密度比平坦宇宙密度低，则会变成开放
宇宙；若初期宇宙的密度比平坦宇宙密度高，则会变成封闭宇宙。如
果调节到十分精准的密度，平坦宇宙就会一直平坦下去

能看到它的平坦形。即便宇宙在初期是回旋形的，经历了膨胀之后，在可观测宇宙中也只能观测到宇宙平坦的模样了。最近威尔金森微波各向异性探测器的探测结果表明，宇宙实际上几乎就是平坦的。

宇宙微波背景辐射的观测结果表明，在初期时，宇宙两端的状态几乎是相同的，温度差异也不过十万分之一而已。这意味着整个宇宙受到同一物理条件支配。但问题在于，由于光速是能够传递信息的最大速度，而在超过光速、在存在有限时间的宇宙中所能跨越的最大距离的两端，是如何能够保证拥有同样的物理构成的。这就是我们所说的"视界疑难"。

事件视界
是一种时空的曲隔界限，视界中的任何事件皆无法对视界外的观察者产生影响。

正如前面我们讨论宇宙的大小问题时，谈到可观测宇宙的大小问题一样，宇宙两端相距甚远，不可能相互进行信息交流，也不可能知道对方的构成条件。但是宇宙微波背景辐射的观测结果显示，某两片相距很远、在可观测宇宙范围内没有重合的区域，就像知道对方的信息一样拥有同样的构造。

正如我们所知，宇宙在暴胀之前是很小的，各自的大小都可观测，小到在事件视界上重合。用一句话来说，宇宙的整个区域已经是信息交换完毕，也就是被同样的物理法则支配的状态。宇宙经历了暴胀之后，扩大到几何级数的规模。暴胀结束以后，整个宇宙变得十分广阔，一端与另一端在可观测宇宙范围内没有重合，相距甚远。但其实整个宇宙的各部分在宇宙膨胀之前已经将物理状态交换完毕。换句话说就是已经各向同性，所以可以说暴胀理论解决了视界问题。

宇宙暴胀理论也表明，在短时间急速膨胀以后，量子力学的不确定性使宇宙的密度具有一定涨落。在暴胀以前，体积十分小的宇宙存在的量子力学能量的涨落也十分微小，随着暴胀，这些涨落被放大到宇观尺度。

宇宙在加速膨胀

1998 年，美国的科学期刊《科学》将"宇宙在加速膨胀"以及两个独立小组的天文学家的研究结果，评选为十大科学新闻中最重要的两个发现。美国的索尔·珀尔马特带领的研究小组以及澳大利亚的布莱恩·施密特和美国的亚当·里斯共同带领的研究小组，在各自进行研究以后得出了相同的结论。

哈勃发现的宇宙膨胀现象已经成为无法反驳的事实。如此一来，宇宙的未来将会怎样呢？从过去到现在一直在加速膨胀的宇宙，会永远膨胀下去吗？抑或在某一天停止膨胀，宇宙重新变成一个小点，再重复崩溃的过程？

我们试着向天空扔一块石子看看吧。不论这块石子飞得多高，最终还是会掉到地上。如果用更大的力气更快地扔出去，它就会飞得更高一点。石子落地的现象说明地球有吸引石子的力量，如果可以用比引力还大的力量扔石子的话，那么石子就会飞离地球，飞向太空。如果用可以与地球的引力相均衡的速度将石子扔出去，会怎么样呢？也许石子会绕着地球的轨道行走。我们就是应用这个原理来发射卫星的。

天文学家认为这个原理也适用于解释宇宙的膨胀。如果"膨胀力量"比"吸引力量"更大的话，那么宇宙将永远膨胀下去。这被称为开放宇宙。反之，若宇宙物体的密度过高，引力会变得更大，在超过"膨胀力量"以后，宇宙会在某一瞬间停止膨胀，开始收缩。这被称为封闭宇宙。如果宇宙的平均密度等于宇宙的临界密度值，宇宙会向着某一临界值慢慢地持续膨胀。简单地说，就是宇宙的膨胀力量与抑制膨胀的力量达到了平衡。这样的宇宙是"平坦宇宙"。宇宙的临界密度就是宇宙平坦时的密度。

在传统的说法当中，天文学家认为宇宙在持续膨胀后会在某一瞬间停止膨胀，开始收缩，或者是以很慢的速度维持膨胀。在这两种情况下，宇宙的膨胀速度都会随着时

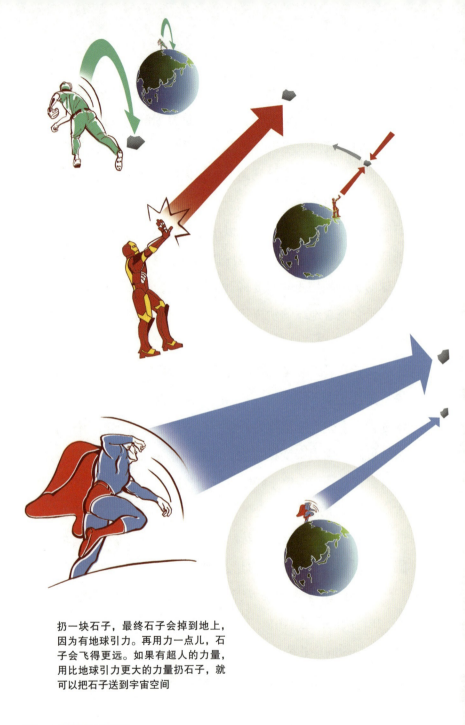

扔一块石子，最终石子会掉到地上，因为有地球引力。再用力一点儿，石子会飞得更远。如果有超人的力量，用比地球引力更大的力量扔石子，就可以把石子送到宇宙空间间的流逝而变慢。实际上，欧洲、美国、澳大利亚和南美的天文学家组成的两个研究小组一开始的研究目标是根据引力计算宇宙的膨胀速度会降低到多少。

这两个研究小组使用的方法是比较近处超新星和远处超新星的亮度。当恒星的寿命接近末期时，通常会发生剧烈爆炸，这就是超新星。它们的亮度几乎都相同。超新星十分明亮，最亮的情况下会像银河一样，所以即使距离很远，也比较容易观察。

1998年，珀尔马特带领的研究小组以及施密特和里斯带领的超新星探测小组分别发表了各自的研究。但是，人们惊讶地发现了意外的结果。对此，天文学家也始料未及。他们把离他们很远的超新星假设成处在"封闭宇宙"中，并对其进行计算，结果超新星比他们预测的还要暗，距离还要远。假设用超新星的亮度相同来解释这个结果，得出的结论与一般概念不同——宇宙的膨胀速度并不是在变慢，而是变得越来越快。

天文学家要探究出宇宙膨胀速度越来越快的原因，并且加以说明。但是，在固有思维模式下，是无法对宇宙的命运进行说明的，所以需要用新的思维。于是，天文学家假设引力和具有相反性质的暗能量是宇宙加速膨胀的原因。他们认为暗能量推动的力量作用使宇宙加速膨胀。但是，仅此而已。暗能量的真实面目还无法确定。

超新星的故事

通过观测超新星的亮度，就可以求出位于更远处的星系之间的距离。超新星分两种。质量很大的星体在进化的最后一个阶段会释放出巨大的能量，使粒子飞出，爆炸，最后变成超新星。另一种超新星是由普通的星体两两结成一对，变成双星系统生成的。质量稍大的星体先进化结束一生后变成白矮星。相反，质量更小的星体在伴星变成白矮星之时，依然作为普通的星体继续生存下去。之后，这个星体开始使大气中的气体向密度更高的白矮星流入，导致白矮星变得不稳定。在这样不稳定的情况下，如果到达了可以引起爆炸的最小质量，白矮星就开始爆炸，变成超新星。就这样，只有在满足可以爆炸的最低质量条件时，才会引起爆炸，所以超新星在爆炸时释放出的能量是相同的。换句话说就是，这种超新星的绝对星等都是一样的。

超新星的形成伴随着强烈的爆炸，所发出的亮度

Ia 型超新星的诞生和消失

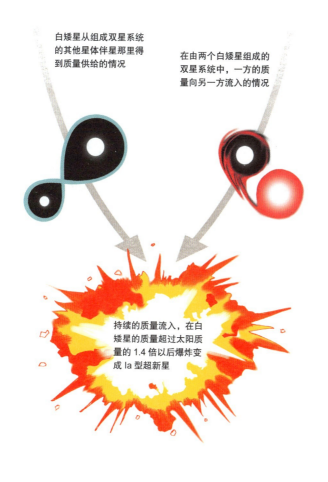

白矮星从组成双星系统的其他星体伴星那里得到质量供给的情况

在由两个白矮星组成的双星系统中，一方的质量向另一方流入的情况

持续的质量流入，在白矮星的质量超过太阳质量的 1.4 倍以后爆炸变成 Ia 型超新星

NGC 银河的超新星 1994D。左下端的亮点就是星星在进化的最后一个阶段时伴随着爆炸放出强光和气体的超新星

与整个银河系的亮度相当。于是，在相距很远的总星系上也可以很轻易地发现这种爆炸。测定超新星表面的亮度之后，与根据物理特性决定的超新星绝对星等进行比较，就可以测出与超新星之间的距离。在总星系上发现超新星这件事，意味着我们可以测出超新星到星系的距离。

加速膨胀的宇宙模型

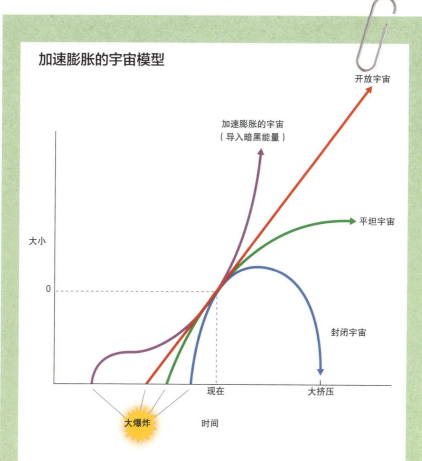

开放宇宙

加速膨胀的宇宙
（导入暗黑能量）

平坦宇宙

大小

0

封闭宇宙

现在   大挤压

大爆炸

时间

天文学家预想的宇宙是封闭宇宙或平坦宇宙，膨胀的速度也会变得越来越慢。但是，观测结果显示，宇宙膨胀的速度变得越来越快这时，爱因斯坦重新出现在宇宙论的历史上。之前他坚决维护"稳恒态宇宙模型"，但随着宇宙膨胀被证实，曾经作废的宇宙常数作为宇宙膨胀加速的原动力之一被再次提出。总之，可以说暗能量的真面目就是宇宙常数。

实际上，爱因斯坦本人也将宇宙常数看作一生中重大的失误。虽然对于暗能量是不是宇宙常数的说法还有争论，但曾被认为是荒谬或不被看好的宇宙常数作为新的宇宙论的重要支撑再次登场。随着暗能量存在被证实，我们需要一个基础物质与性质完全不同的新宇宙论。

1998 年以后持续的"远处超新星探索工程"通过观测更多的超新星反复证实宇宙在加速膨胀这一说法。现在，宇宙在加速膨胀这一观测结果可以说确凿无疑。因宇宙加速膨胀这一伟大的发现，珀尔马特、施密特和里斯获得了 2011 年诺贝尔物理学奖。

威尔金森微波各向异性探测器探测到的宇宙现貌

威尔金森微波各向异性探测器的观测结果"宇宙是平坦的"，2003 年被科学期刊《科学》评选为当年最伟大的科学发现。这是继 1998 年发现宇宙加速膨胀以后，现代宇宙论发现的又一个"历史性惊奇"。现在，大爆炸宇宙论

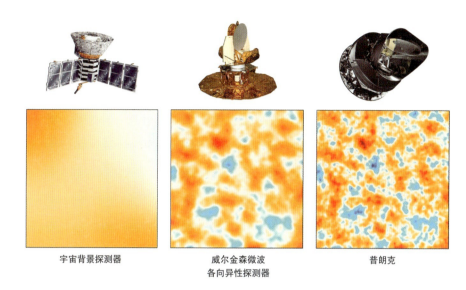

宇宙背景探测器　　　　　威尔金森微波　　　　　　　普朗克
　　　　　　　　　　　各向异性探测器

宇宙背景探测器、威尔金森微波各向异性探测器和普朗克的清晰度比较

支持者应该可以说明宇宙既是平坦的，又在加速膨胀中。

　　2001 年 6 月 30 日发射的威尔金森微波各向异性探测器观测卫星在多个方面帮助现代宇宙论掀起了精密科学的多次革命。宇宙背景探测器观测卫星的影像清晰度是6 000 像素左右，而威尔金森微波各向异性探测器观测卫星的像素已经达到了 300 万。威尔金森微波各向异性探测器凭借更清晰、更敏感的优点，再次证实了宇宙背景探测器卫星观测出的结果，同时也确认了大体上各向同性的宇宙微波背景辐射存在十万分之一温度差的事实。

　　威尔金森微波各向异性探测器的观测结果直接解决了现

代宇宙论的难题。通过比较宇宙微波背景辐射的全天体图上出现的规模大小不一的涨落，我们找到了宇宙在急速膨胀的有力证据。斯蒂芬·霍金说威尔金森微波各向异性探测器找到了宇宙膨胀理论的证据，是他一生中感到最吃惊的事情。

威尔金森微波各向异性探测器的观测爆出了更多让人惊讶的结果。它以高精准度展示了宇宙的物质组成以及能量的密度。通过观测超新星发现，被认为是宇宙加速膨胀动力的暗能量占据了宇宙的 71.4%。暗物质占据 24%，我们肉眼可见的普通物质仅占据 4.6%。虽然这个结果与此前形成的其他宇宙论得到的观测结果一致，但最重要的是，威尔金森微波各向异性探测器的误差范围最小，数值最精确。

通过威尔金森微波各向异性探测器的观测可以确定宇宙自诞生至今已有 137.7 亿年。不使用哈勃常数测定就可以算出宇宙年龄是提高宇宙年龄确信度的划时代的观测结果。这与通过哈勃空间望远镜测出的哈勃常数和构成宇宙的各类物质密度值决定的宇宙年龄非常一致，对解决宇宙年龄这个问题起了决定性作用。

通过威尔金森微波各向异性探测器观测到的高清宇宙微波背景辐射温度分布图，将宇宙的样子清晰地呈现了出来：宇宙是球形、马鞍形，还是平坦的？天文学家知道了宇宙微波背景辐射各向异性的实际规模约为 1 度，大概有两个圆月在天上占据的位置那么大。如果宇宙以球形回旋，那么其微

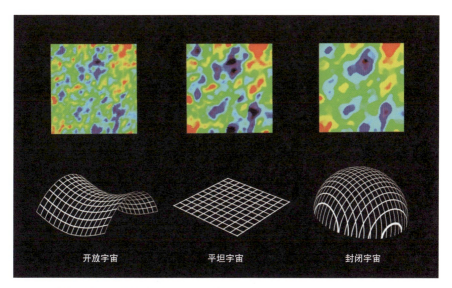

开放宇宙　　　　　　平坦宇宙　　　　　　封闭宇宙

宇宙的曲率和宇宙背景辐射离散的规模

波背景辐射将会在宇宙年龄这期间回旋到我们身边。这样看来，宇宙微波背景辐射的能量涨落比实际幅度要大。相反，如果宇宙以马鞍形回旋，那么观测到的宇宙微波背景辐射各向异性要小于 1 度。若宇宙不回旋，就是平坦的，那么实际的能量涨落的幅度就为 1 度。通过威尔金森微波各向异性探测器观测到的宇宙微波背景辐射的涨落和 1 度一致，这就得到了我们现在看到的宇宙是平坦的结果。

　　现在人类历史上第一次进入了以大爆炸宇宙论为基础，可以通过现代标准宇宙模型了解宇宙的阶段。毫无疑问，通过威尔金森微波各向异性探测器的精密观测得到的结果起了决定性的作用。现在一般被人们接受的宇宙模型是以威尔金森微波各向异性探测器的结果为基准，包括其他观测结果共同得出的"和谐宇宙论"。和谐宇宙论主张的内容是，根据大爆炸宇宙论，宇宙在初期开始膨胀，现在维持平坦的同时继续加速膨胀。以下是根据和谐宇宙论整理出来的现在宇宙的情况。

宇宙的年龄 ≈137 亿年

哈勃常数 =71km/（s·Mpc）

普通物质的密度 = 全体的 4.6%

暗物质的密度 = 全体的 22.8%

暗能量的密度 = 全体的 72.6%

总能量的密度 =1= 临界密度

宇宙的曲率 =1（平坦宇宙）

　　重要的是，所有宇宙常数的值十分精密，都是在十分微小的误差范围内决定下来的，而且和谐宇宙论的另一个特点是看不出各常数间的矛盾。宇宙论是那个时代的主导理论。这意味着在今后的 100 年中会发现一些我们无法预料的秘密。但也许到那时会被证明，和谐宇宙论只是向真

"宇宙里装着什么？"

普通物质 4.6%

暗能量 72.6%

暗物质 22.8%

理迈出了一小步而已。但此时此刻，和谐宇宙论已经是21世纪天文学家能够得出的最权威的结论了。

2013年发布的普朗克观测卫星的初次观测结果表明，宇宙诞生了138亿年，这与和谐宇宙论哈勃常数提出的数值相比有着微小涨落，暗能量的数量也有所减少。现在还不好说这是否意味着新宇宙论的诞生。但可以肯定的是，这是对似乎将永恒下去的和谐宇宙论立下的挑战书。

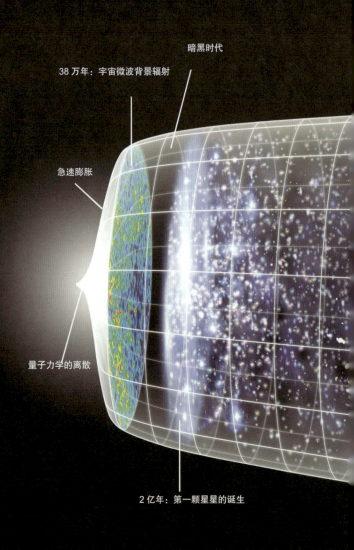

暗黑时代

38 万年：宇宙微波背景辐射

急速膨胀

量子力学的离散

2 亿年：第一颗星星的诞生

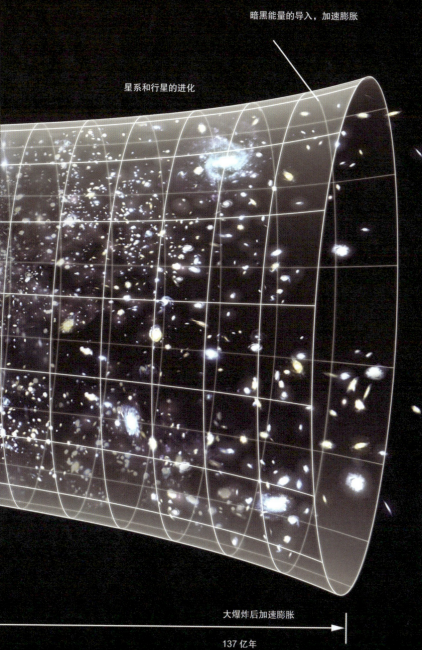

暗黑能量的导入，加速膨胀

星系和行星的进化

大爆炸后加速膨胀

137 亿年

解开宇宙膨胀秘密的暗能量

现在的宇宙在维持平坦的同时加速膨胀着。在大爆炸宇宙论中，把根据时间表现的宇宙大小变化公式叫作FLRW 度规。如前文所述，把这个公式算出来就是随着时间变化的宇宙的大小，我们就可以知道宇宙是怎样进化的，以及命运如何。这个公式需要代入的宇宙常数有哈勃常数、宇宙曲率和宇宙密度。

在没有暗能量的情况下，宇宙的密度是由物质决定的。这里所说的物质是指像星体一样发出光芒的普通物质以及不发生电磁相互作用，只靠引力相互作用的暗物质。只要测定了这个物质的密度，就可以测出宇宙随着时间的流逝会变成什么模样。如果宇宙不超过临界大小，想要变成缓慢膨胀的平坦宇宙，那么其平均密度就必须是宇宙临界密度（宇宙临界密度是 $5 \times 10^{-30} \text{g/cm}^3$）。

但是，现在的宇宙在维持平坦的同时还在加速膨胀，构成现在宇宙的普通物质密度和暗物质密度加起来约为27%。如果能量密度达到这个程度，以后宇宙就会永远膨胀下去，但不会加速。宇宙的形状也应该是马鞍形，无法形成以现代宇宙论为原理来定义的"平坦宇宙"的模样。总之，绝对没有满足成为平坦宇宙的临界密度。

为了解决这个问题，需要导入许多能量，于是"暗能量"随之登场。如果普通物质、暗物质以及暗能量加在一起时的宇宙平均密度与临界密度一样，那么宇宙就可以维持平坦。

正如前文所言，虽然普通物质与暗物质通过引力的作用减缓了宇宙的膨胀，但暗能量与它们正相反。总之，随着暗能量的登场，宇宙既可以维持平坦，又可以继续加速膨胀。

暗能量的作用成为重要问题的现在的宇宙正在加速膨胀，其程度会随着时间流逝越来越严重。结果随着时间流逝，宇宙急剧变大。那么，在可观测宇宙大小范围之外会衍生出许多天体。简单地说，由于宇宙变得越来越大，无法发生信息交换的区域也变得越来越多。

同时，随着宇宙的年龄变大，在气体和尘埃形成的星际云中诞生星球的概率也会降低，这是因为制造星体的材料将会枯竭。时间久了，宇宙中的星体都会结束自己的一生，变成白矮星或中子星，或是以黑洞一样的形态存在着。到那个时候，在夜空中再也看不到星星，整个世界将漆黑一片，宇宙微波背景辐射的温度也会更低，宇宙会变得冰冷荒芜。这就是我们能想象到的加速膨胀的宇宙的命运之一。

宇宙爆炸理论为我们清晰地讲述了宇宙在诞生后随着时间的流逝而发生的变化，并且对宇宙的命运进行了预测。但是，大爆炸宇宙论对宇宙的起源并没有进行完整的说明。宇宙的起源本质上是一个十分复杂的问题。要解释宇宙起源，需要具体说明宇宙产生于什么、经过是怎样的，不是用修饰性语言，而是用可验证的科学语言来说明。

宇宙的起源，大爆炸以前宇宙发生了什么？

"宇宙的起源是什么？"这是人类开始自觉自己的存在并进行反思时提出的疑问，也许是困扰人类时间最长的问题。人类想到了成千上万个与宇宙起源相关的小故事，并在民间口耳相传。所有的故事经过人类社会的几个阶段后变得更加生动形象，最终形成了各个宗教或民族的神话故事。从宇宙在什么都没有的状态下突然出现的创世神话，到从混沌世界变成有序世界的开天辟地神话，以及宇宙的过去和未来，这样的故事都将继续存在。

1981 年，由教皇厅主办的有趣的学术会议在意大利梵蒂冈举行。学会的主题是"现代宇宙论"。当时的教皇约翰·保罗二世对宇宙的起源进行了说明。我们节选其中几句话进行讲解。

"科学家一直在极力探索宇宙的起源，将这些没有解决的问题作为课题。但从我们宗教的立场来说，我们相信这些并不是物理学和天文学知识，而是形而上学的真理。"

虽然教皇允许科学家对自然进行探究，但是不让他们关心宇宙起源这个问题。他的态度是，对于宇宙模样与进化的探究当然有科学家的一份责任，但是宇宙起源这个问题还是要归属于宗教范畴。参加了本次学会的斯蒂芬·霍金拜见教皇后这样说道：

"我十分庆幸和欣喜教皇不知道我刚才在学会上的演讲，我演讲的内容与'宇宙没有起始或创造期的可能性'有关。"

那么，科学家如何代替造物主说明宇宙的起源呢？这部分还是属于科学与数学的范畴。数学只要有自洽的解，就承认它的"存在"。在物理学和天文学中，就算有了数学性的解，也要有实证性，才能说和接受它的"存在"。换言之，在一定的时期内稳定的"存在"才能算作存在，而且必须通过观测或实证来进行验证。只有通过科学的验证判断是否能上升到数学模型，才能说进入了科学领域。

然而，关于宇宙起源的理论，现在刚刚走上确保数学性模型的自洽性阶段。我们需要通过更精密的观测或是实验来确定这些理论是不是真理。但到底应该如何验证，到现在为止，谁都无法给出明确的答案。

因大爆炸而诞生的时候，宇宙小到我们现在无法想

"我十分庆幸和欣喜教皇

不知道我刚才在学会上的演讲，

我演讲的内容与'宇宙没有起始或

创造期的可能性'有关。"

斯蒂芬·霍金

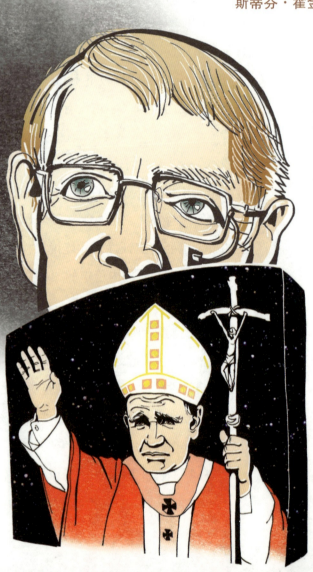

象，所以要想研究初期宇宙，就要更多地发展涉及微观世界的量子力学。在这里简单地介绍一下亚历山大和霍金的提议，这是宇宙的起源与数学有着紧密联系的事例。

在研究像电子一样小的粒子的量子力学领域时，理解粒子的叠加态是非常重要的。虽然在这个方面，连物理学家都觉得很困难、易混淆，但是在微观世界中，物质有很大概率是以叠加态存在的。例如，物体是以存在于此处的概率与存在于彼处的概率相叠加的状态存在的。换言之，即为概率的存在。

试想一下在宇宙诞生之前（这时并不存在物理上适用的时间和空间）处于混沌状态的量子力学，想象一下被某种大小能量禁锢的能量势垒。在这个势垒中，粒子重复着出现生成和消失的过程，那么，这个状态的整个能量就会变成 0，而这个状态在物理学上被称为"真空"或是"无的状态"。

若以古典物理学的视角来思考，带着比能量势垒更小的能量的粒子翻越势垒的概率为 0。但是，用量子力学来思考就会不一样。如此生成的粒子隧穿势垒的概率绝非 0。因为正如前面所说，在粒子以叠加状态存在的微观世界中，粒子隧穿能量势垒的概率不会是 0。这种现象在量子力学中被称为"隧道效应"。虽然这只是很小的概率，但其概率并非 0，所以处在势垒内部的粒子在某一瞬间会跑

隧道效应

在古典物理学中，由于带能量的粒子无法翻越有着更高能量的粒子势垒，因此不能移动，但是在量子力学中，就算能量不足以翻越势垒，也有很小的概率穿过势垒，甚至在势垒内部。这种现象被称为"隧道效应"

到势垒外边。

　　量子力学的隧道效应对于宇宙的起源有着很大的启示，如果跑出能量势垒外的概率不是 0，那意味着什么呢？这些粒子在形成和消亡这一反复的过程中跑出来一个是"偶然的"，但是在概率上而言，它们却是"必然"会隧穿能量势垒的。确切地说，就是一定会在能量势垒外存在。在某一瞬间必然出现的粒子开始膨胀，这就是科学家认为的大爆炸瞬间。

宇宙大历史，那遥远的开始

总之，宇宙在无的状态下，偶然却又必然地诞生了。若将这个理论放大来看，则在我们生存的宇宙之外还有更多在经历这个过程后出现的宇宙，这就是多元宇宙的概念。也许我们生活的宇宙只是无数个宇宙之一罢了。

虽然在这里我们不再做具体的描述，但除了刚才介绍的量子力学宇宙起源论以外，通过数学研究宇宙起源的方法也有很多。但这种研究是无法越过数学的边界，在现实中进行科学观测或实验以验证真伪的。即便如此，科学家也在反复探寻到底有没有验证量子力学宇宙起源论的方法。

仰望夜空时，不论是谁，都有过对静谧的天空油然而生的既敬畏又空虚的感觉。那么，星球是什么呢？我们人类与这些星球有什么关系呢？我们从何而来？我们在反复自问和寻找答案的同时，不知不觉中就会感到星球是距离我们很遥远的存在。那些星球到底是什么，和我们有什么关系，我们到底从何而来呢？

让我们再一次回想一下星球的一生吧。宇宙通过"大爆炸"出现，本来很小的宇宙在诞生的瞬间迅速膨胀，变成了广阔的宇宙。宇宙暴胀时密度变低，温度下降，接着在这个充满能量的宇宙中产生了物质。

这些物质大概是按照元素周期律（从原子序数小的开始）的顺序出现的。先出现了氢元素，接下来是氦元素。现在宇宙中的所有氢原子都是在那时产生的。它们或是和别的原子结合成水，或是再分解变成氢元素。我们现在算是在不断重复利用那时候产生的氢元素。人体内的氢元素和水里的氢元素都是在那时产生的。现在的宇宙已经大到不再产生氢元素了，因为宇宙的温度和密度已经过低，无法再自发合成氢元素。

原子序数更大的重元素是在星球内部产生的。在星球内部元素的原子核合并在一起的核聚变过程中，新的元素生成了。在这个过程中，星球放射出光芒。起初是氢元素和氢元素合并在一起变成氦，接下来依次进行更复杂的融合，从而产生构成我们身体的氧、氮和碳等元素。在质量更大的星球中经历着多样的核聚变，从氖元素到铁元素，产生了许多质量大的元素。

比铁重的元素是质量很大的星球——超新星面临死亡时爆炸而产生的。超新星爆炸会产生巨大的能量，瞬间温度会急剧上升。这时，比铁重的元素就会如雨后春笋般出现。有时随着核裂变出现新元素（一般高放射性元素就是这样产生的），元素也会在获得中子时变成新的元素。在这样的过程中，我们知道的元素填满了元素周期表，产生了构成我们身边大部分物质的元素。这些元素主要是在星球的内部或是在星球灭亡的过程中产生的。

所以，天文学家把炙热的星球内部称为我们身体的故乡。夸张来讲，在从形成星球的星云中寻找人类起源的意义这一层面来说，可以将人类称为"可以思考的星尘"。这句话让人深刻地体会到，在悠久广阔的宇宙中，人类是多么微不足道的存在。

但是从另一个角度来思考，将从一颗星尘开始的宇宙历史整合后得出大爆炸宇宙论这个结论的不也是人类吗？这样看来，人类是如此高贵又令人惊奇的存在，因为我们是整个身体承载着宇宙历史的"可以思考的星尘"。虽然我们现在刚刚踏上月球，但我们是已经可以离开自己的星球去宇宙旅行的"勇敢的星尘"。让这一切成为可能的起点是大爆炸。大爆炸就是"重大事件"的开端。

倘若你问科学的魅力之一是什么，那就是对同样问题的答案随着时代的变迁而发生变化，特别是对宇宙进行全面理解和分析的宇宙论的质疑总是无尽且相似的。宇宙是如何产生的，如何进化的，将来会如何发展，这些问题是重大事件的核心问题。虽然神话或宗教反映了那个时代的问题和答案，但这样的答案不会随着时间的流逝而发生变化。然而，科学总是接受最新的解答，与时间和真理同行。

从大历史的观点
看宇宙的诞生

你有没有想过这样的问题：我为何在这里？我是怎么出生的？人类来自哪里？星球如何产生？宇宙如何形成？就算不是提出具体的问题，但至少问过自己一次相似的问题，或者有可能在某一瞬间突然闪过这种想法。

小时候，我有日落时分站在家门前的胡同尽头仰望西边天空的习惯。这可能是傍晚去迎接下班回家的父母时，经常仰望天空而养成的习惯。反正不知道从什么时候开始，我就经常望着天空发呆。

就在这样的某一天，还是小孩子的我突然觉得心里一阵漠然，同时产生了一个疑问。问题变得越来越多，但却无法找到答案，就算是问了老师、父母、同学，也没人能给出明确的答案。渐渐地，问题变得越来越具体，但始终没有找到答案。绞尽脑汁思考的同时，我的内心常常感到虚无缥缈。因为实在对答案充满好奇，所以我决定当一名天文学家。

其实我们都知道，对于这种根源性的问题，一个人冥思苦想是无法得到确切答案的。大历史将宇宙、生命和人类视为一体，试图对这种根源性问题进行解答。探究那些似乎与星球无关的历史事件和自然现象是如何紧密相连的工作就是"重大事件"的主要目的。眼界更加开阔以后，我们就会认识到，人类和人类历史终究是自然的产物。所有自然的开始就是"宇宙的开始"。

宇宙并不是为了人类而存在的。这毋庸置疑，但人类却总是忘却这个平凡的事实，经常认为周围的事物和自然没有任何关系。但若冷静思考一下，便可以发现那些微妙的联系。

眼镜由眼镜片和眼镜框组成。眼镜片一般由玻璃或塑料做成。虽然是人工合成的物品，但那些材料都是在自然中寻找到的。眼镜框也是一样，有用塑料做的眼镜框，也有用金属做的眼镜框。虽然都是人工制品，但是原材料都是从自然中取得，或是应用自然法则做成的。其他的事物也是这样，无一例外。

其实人类也是由物质构成的，和眼镜一样，都是自然的产物。不论是人类本身，还是人类制造的所有加工品，都是从自然那里索取来的，其实我们对自然欠下了一大笔债。宇宙不是为了人类而存在，而是人类存在于宇宙之中。

将自然的范围扩大一些看看，有地球，有包含地球的太阳系，有像太阳系一样的无数星系。像地球一样，说不定在太阳系外的某颗行星上也像地球一样有和人类一样的智慧生物。也许他们也像我们一样发展科学技术文明。总之，我们生活在汇聚了 1 000 亿颗恒星的银河系中，在可观测的宇宙中存在着 1 000 亿个这样的星系，宇宙诞生了足足 137 亿年，我们就生活在这个浩瀚的宇宙中。

无数个银河系中的一个，这个银河系的数万颗恒星中的一个，就是我们的太阳。太阳的周围有地球，那就是我们生活的地方。然而，人类并非在宇宙诞生后的 137 亿年里始终存在，比起这 137 亿年，人类存在的时间是很短的。当然，我们每个人也许能活上 100 年，然后消失。也许在这个浩瀚的宇宙中，极其微小的存在就是人类了。

让我们换个角度来思考一下。诞生了 137 亿年的宇宙到现在还和我们有着联系，因而这一瞬间，我们才会在这个位置上。在这个物质反复生成又消失的 137 亿年里，我们顽强地生存下来。因此人类（当然所有的事物都是这样）是蕴含着宇宙悠久历史的存在。

人类的历史包含着这样的宇宙背景，每一个人都承载着这个不可抗拒的宇宙历史。我们现在理解了人类之所以存在，根源是宇宙大爆炸，弄清宇宙进化过程就是我们自己寻根的过程。当然，最近十分流行多重宇宙论，也就是说，我们的宇宙只是数万个宇宙中的一个。但是从这个观点来看，我们的宇宙也是始于大爆炸的瞬间。在这个意义上，重大事件的开端仍然是大爆炸宇宙论和以此为基础的大爆炸宇宙论故事，这才最为自然。

再次强调，因为有了宇宙，才有人类存在。宇宙并不是为了人类而存在的。但我们也是这浩瀚宇宙中询问和寻找自己存在意义的高贵的存在，是懂得反省和自觉的高贵的存在。这本书讲述的就是使这一切出现的最初事件的故事。

2013 年 10 月

李明贤